EUL VERLAG

PLANUNG, ORGANISATION UND UNTERNEHMUNGSFÜHRUNG

Herausgegeben von Prof. Dr. Dr. h. c. Norbert Szyperski, Köln, Prof. Dr. Winfried Matthes, Wuppertal, Prof. Dr. Udo Winand, Kassel, Prof. (em.) Dr. Joachim Griese, Bern, PD Dr. Harald F. O. von Kortzfleisch, Kassel, Prof. Dr. Ludwig Theuvsen, Göttingen, und Prof. Dr. Andreas Al-Laham, Stuttgart

Band 87
Harald Wüllenweber
Mehr Kundenbindung durch Organisationales Lernen – Konzept – Modellierung – empirische Befunde
Lohmar – Köln 2003 • 354 S. • € 52,- (D) • ISBN 3-89936-106-7

Band 88
Carolina Catrin Schnitzler
Unternehmenskultur in Internet-Unternehmen – Gestaltungsmöglichkeiten durch Gründer und Führungskräfte
Lohmar – Köln 2003 • 284 S. • € 48,- (D) • ISBN 3-89936-111-3

Band 89
Jens Kiefel
Unternehmenssteuerung im Informationszeitalter – Gestaltung zwischen systemischer Machbarkeit und ökonomischer Rationalität
Lohmar – Köln 2003 • 360 S. • € 53,- (D) • ISBN 3-89936-134-2

Band 90
Matthias Kern
Lean Information System – Problemorientierte Gestaltung von Informationssystemen unter besonderer Berücksichtigung von Lean Management
Lohmar – Köln 2003 • 372 S. • € 54,- (D) • ISBN 3-89936-141-5

Band 91
Jochen Großpietsch
Supply Chain Management in der Konsumgüterindustrie
Lohmar – Köln 2003 • 254 S. • € 46,- (D) • ISBN 3-89936-145-8

JOSEF EUL VERLAG

Reihe: Planung, Organisation und Unternehmungsführung · Band 91

Herausgegeben von Prof. Dr. Dr. h. c. Norbert Szyperski, Köln, Prof. Dr. Winfried Matthes, Wuppertal, Prof. Dr. Udo Winand, Kassel, Prof. (em.) Dr. Joachim Griese, Bern, PD Dr. Harald F. O. von Kortzfleisch, Kassel, Prof. Dr. Ludwig Theuvsen, Göttingen, und Prof. Dr. Andreas Al-Laham, Stuttgart

Dr. Jochen Großpietsch

Supply Chain Management in der Konsumgüterindustrie

EUL VERLAG

Bibliographische Information der Deutschen Bibliothek

Die Deutsche Bibliothek verzeichnet diese Publikation in der Deutschen Nationalbibliographie; detaillierte bibliographische Daten sind im Internet über <http://dnb.ddb.de> abrufbar.

Dissertation, Universität Münster (Westfalen), 2003 unter dem Titel: Erfolgsfaktoren im Supply Chain Management der Konsumgüterindustrie
D 6 (2003)

ISBN 3-89936-145-8
1. Auflage September 2003

Printed in Germany
Druck: RSP Köln

JOSEF EUL VERLAG GmbH
Brandsberg 6
53797 Lohmar
Tel.: 0 22 05 / 90 10 6-6
Fax: 0 22 05 / 90 10 6-88
E-Mail: info@eul-verlag.de
http://www.eul-verlag.de

Bei der Herstellung unserer Bücher möchten wir die Umwelt schonen. Dieses Buch ist daher auf säurefreiem, 100% chlorfrei gebleichtem, alterungsbeständigem Papier nach DIN 6738 gedruckt.

Vorwort

"Durch moderne Supply-Chain-Methoden haben wir unseren Bestand um über 50% senken können - und das bei verbesserter Verfügbarkeit," so oder ähnlich klingen begeisterte Erfolgsmeldungen zum Supply Chain Management aus der Unternehmenspraxis. Andere Stimmen sind zurückhaltender: "Ich habe bei allen ECR-Projekten noch keine nachhaltige Ergebnisverbesserung feststellen können," meint ein anderer Supply-Chain-Experte. Das Spannungsfeld zwischen großer Zustimmung und vorsichtiger Zurückhaltung ist im Supply Chain Management allgegenwärtig. Wie kann da die Forschung dazu beitragen, Supply-Chain-Methoden mit leistungssteigernder Wirkung zu identifizieren?

Die vorliegende Arbeit versucht auf empirischem Wege einen Beitrag zur Bewertung und Weiterentwicklung der Konzepte des Supply Chain Managements zu leisten. Dies setzte die Beteiligung von zahlreichen Experten aus der Unternehmenspraxis voraus. Mein Dank gilt daher zunächst den 58 Supply Chain Managern aus Konsumgüterindustrie und Handel, die die Zeit für ein zweistündiges Interview aufgebracht haben. Dass es dabei oft auch nicht bei dem eingeplanten Zeitrahmen geblieben ist, hat die hohe praktische Relevanz des Themas weiter unterstrichen.

Bei der theoretischen und methodischen Konzeption des Vorhabens haben mich viele Personen unterstützt, denen ich an dieser Stelle danken möchte. Mein Doktorvater Prof. Dr. Ulrich Thonemann stand stets für anregende Diskussionen zur Verfügung und hat das Gelingen der Arbeit durch seine Ideen sehr gefördert. Mein Zweitgutachter Prof. Dr. Klaus Backhaus trug insbesondere durch seine Hinweise zur Methodik zum Erfolg der Arbeit bei. Sehr wertvoll war zudem der Gedankenaustausch mit meinen Kollegen bei McKinsey & Company, Inc.

Schließlich danke ich meinen Eltern und meinen Freunden für die mannigfaltige Unterstützung während der Promotionszeit.

Jochen Großpietsch

Inhaltsübersicht

Inhaltsverzeichnis

Seite

Seite

Tabellenverzeichnis

Abbildungsverzeichnis

Abkürzungsverzeichnis

APO	Advanced Planner & Optimizer
APS	Advanced Planning System
AR	Assurance Region
BCC	Banker, Charnes, Cooper
BPR	Business Project Reengineering
CAD	Computer Aided Design
CCR	Charnes, Cooper, Rhodes
CPFR	Collaborative Planning, Forecasting, and Replenishment
DEA	Data Envelopment Analysis
ECR	Efficient Consumer Response
EDI	Electronic Data Interchange
ERP	Enterprise Resource Planning
FDH	Free Disposable Hull
IJLM	The International Journal of Logistics Management
IT	Informationstechnologie
PIMS	Profit Impact of Market Strategy
POS	Point of Sales
RFID	Radio Frequency Identification
SC	Supply Chain
SCM	Supply Chain Management
SCOR	Supply Chain Operations Reference
VMI	Vendor Managed Inventory

Einleitung

Dem effizienten Management der Supply Chain wird in der Unternehmenspraxis und in der betriebswirtschaftlichen Forschung seit zehn Jahren eine hohe Bedeutung zugesprochen. Vorreiter dieser Entwicklung sind neben der Computer- und Automobilindustrie die Konsumgüterindustrie und der Lebensmitteleinzelhandel. Der Fokus dieser Arbeit liegt daher auf der Supply Chain in der Konsumgüterindustrie.

Konsumgüterhersteller und Händler sehen Supply Chain Management (SCM) als Möglichkeit, um gleichzeitig Einsparungen zu realisieren und ihr Angebot zu verbessern. Dadurch hoffen sie, die eigene Ertragssituation zu verbessern und einen Vorsprung gegenüber Wettbewerbern zu erlangen. Zur Umsetzung dieser Ziele haben die beiden Branchen Ihre Kooperation in der Efficient Consumer Response (ECR)-Initiative institutionalisiert. Die Initiative hat bis heute in zahlreichen Arbeitsgruppen Kooperationen zwischen Handel und Industrie vorangetrieben und bildet ein Plenum für den Austausch zwischen allen Beteiligten. Auf den Konferenzen von ECR-Europe und in den einzelnen nationalen Initiativen treffen sich regelmäßig die Führungsetagen der europäischen Konsumgüterindustrie und des Handels und unterstreichen so eindrucksvoll die Bedeutung, die dem Thema Supply Chain inzwischen auch von den höchsten Hierarchieebenen der Unternehmenspraxis beigemessen wird.

Gleichwohl sind auch kritische Stimmen zu hören, wonach SCM ein Modekonzept sei. Supply Chain Management sei hauptsächlich durch Berater geprägt worden und könne die Erwartungen in der Praxis nicht erfüllen. Die gemeldeten Erfolge seien Einzelfälle, deren Übertragbarkeit auf die gesamte Industrie und andere Branchen in Frage gestellt werden müsse. OTTO/KOTZAB (2001) werfen so die Frage auf, "in welchem Umfang die Ergebnisse der aktuellen SCM-Diskussion (...) übertragbar sind. Kann Supply Chain Management also das Management der Supply Chain unterstützen?" Sie kommen in ihrer Arbeit zu dem Ergebnis, dass insbesondere der Gültigkeitsbereich der Konzepte einer intensiven Untersuchung bedarf. Sie bezweifeln die Gültigkeit der aus einzelnen

Fallbeispielen abgeleiteten Empfehlungen für von den Musterbeispielen abweichende Situationen.

Die vorliegende Arbeit soll eine kritische Bestandsaufnahme der SCM-Konzepte leisten und die folgenden vier Fragen für die deutsche Konsumgüterindustrie empirisch beantworten:

- Welche Auswirkungen auf Erfolgsgrößen haben die Konzepte des Supply Chain Managements?
- Lässt sich eine empirische Bestätigung erbringen, dass die Umsetzung einzelner SCM-Praktiken zu höherer Supply-Chain-Leistung führt?
- Gibt es Erfolgsfaktoren bei der Umsetzung der Konzepte, um den größtmöglichen Effekt zu realisieren?
- Welche Handlungsempfehlungen lassen sich hieraus ableiten?

Der Fokus auf die Konsumgüterbranche führt dabei zwar dazu, dass die Übertragbarkeit der untersuchten Ansätze auf andere Industrien nicht beantwortet werden kann. Dennoch erscheint die Begrenzung auf ein möglichst homogenes Untersuchungsfeld sinnvoll, um die Vergleichbarkeit zwischen den beteiligten Unternehmen sicherzustellen. Mit dem in der vorliegenden Arbeit vorgestellten Untersuchungskonzept kann die Wirksamkeit des Supply Chain Managements in Folgestudien auch in anderen Branchen untersucht werden.

Die empirische Untersuchung, die der Arbeit zugrunde liegt, stellt in zweierlei Hinsicht ein Novum dar. Intensive persönliche Interviews mit Führungskräften von insgesamt 58 Unternehmen aus der Konsumgüterindustrie und dem Einzelhandel bieten zum einen die umfassendste empirische Basis, die bisher für diese Branche für den deutschsprachigen Raum vorliegt. Dabei kann sowohl auf quantitative Ergebnisse mit über 100 Datenpunkten je Interview, als auch auf qualitative Aussagen und Beispiele zurückgegriffen werden. Zum anderen geht die Arbeit auch methodisch neue Wege, indem sie erstmals eine Effizienzbewertung im Supply Chain Management anhand der Data Envelopment Analysis durchführt.

1. Gegenstand und Ziel der Arbeit

1.1. Abgrenzung des Untersuchungsgegenstands: Supply Chain Management

Unter dem Begriff "Supply Chain" oder synonym auch "Lieferkette" oder "Wertschöpfungskette" sollen im folgenden in Anlehnung an HANDFIELD/NICHOLS (1999, S. 2) Flüsse von Waren und Informationen in beiden Richtungen, von der Gewinnung von Rohstoffen bis hin zur Nutzung eines Produkts durch den Endverbraucher, verstanden werden. Supply Chain Management umfasst folglich alle Aktivitäten zur Gestaltung und Abwicklung dieser Schritte - sowohl auf strategischer wie auch auf taktischer und operativer Ebene.

SCM steht in engem Zusammenhang zum Logistikmanagement. Viele Forscher sehen SCM und Logistikmanagement als gleichbedeutend an oder fassen SCM als einen lediglich um den Integrationsaspekt erweiterten Logistikbegriff auf. Dieser Ansicht muss jedoch widersprochen werden. SCM als integratives Konzept umfasst neben der operativen Abwicklung von Produktion und Logistik auch die Gestaltung von Produkten, Beziehungen und Netzwerken. Logistik ist nur ein Aspekt der Wertschöpfungskette und beinhaltet "the process of planning, implementing, and controlling the efficient, effective flow and storage of goods, services and related information flow from the point of origin to the point of consumption for the purpose of conforming to customer requirements" (BOWERSOX/CLOSS 1996, S. 4).

SEURING (2001, S. 16ff) entwickelt zur Beschreibung des Gegenstandsbereichs des Supply Chain Managements die Produkt-Kooperationsmatrix, die zwei Dimensionen aufweist: Die Produktdimension und die Kooperationsdimension.

Die Produktdimension unterscheidet zwischen den Aktivitäten nach der Gestaltung eines Produktes (Produktion und Logistik) auf der einen Seite und den Aktivitäten bis zur Gestaltung von Produkten (Produktdesign) auf der anderen Seite. Anhand der Kooperationsdimension kann die strategische Phase der Netzwerkbildung und die operativ/taktische Phase der Schnittstellenaktivitäten unterschieden werden. Die daraus folgenden vier Matrixfelder zeigen den Umfang des Supply Chain Managements auf:

- Konfiguration von Produkt und Netzwerk
- Produktentwicklung in der Wertschöpfungskette
- Gestaltung des Produktionsnetzwerks
- Prozessoptimierung in der Wertschöpfungskette

ABBILDUNG 1-1: GEGENSTANDSBEREICH DES SUPPLY CHAIN MANAGEMENTS ANHAND DER PRODUKT-KOOPERATIONS-MATRIX

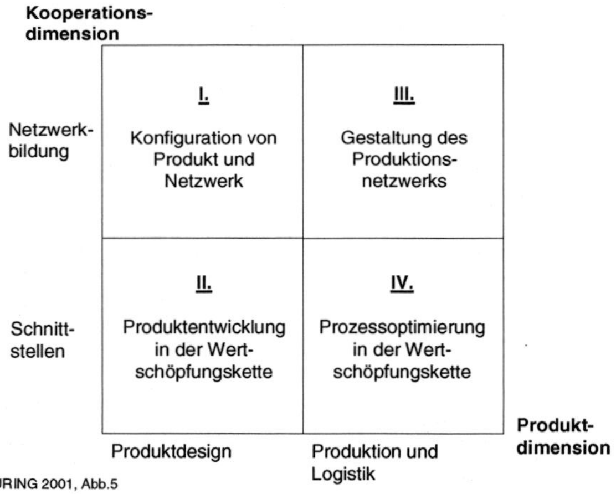

Quelle: SEURING 2001, Abb.5

Die Arbeit von SEURING (2001) ist durch die Entstehungsgeschichte aus einer Studie in der Textilindustrie geprägt. Hier haben das Produktdesign und ständig wechselnde Supply-Chain-Konfigurationen eine wesentlich größere Bedeutung als in der vergleichsweise stabilen Konsumgüterindustrie. In der vorliegenden Arbeit werden daher aufgrund der größeren Relevanz für Konsumgüter schwerpunktmäßig die Elemente der Dimension "Produktion und Logistik" behandelt. Dennoch ist z.B. für die Betrachtung der Kooperation zwischen Industrie und Handel auch die Frage nach dem Produktdesign relevant. Die Gestaltung von

Verpackungen und Displays kann z.B. wesentliche Verbesserungen entlang der Supply Chain bewirken und wird in den entsprechenden Abschnitten aufgegriffen.

1.2. Eingrenzung des Untersuchungsfelds: Konsumgüterindustrie

Gegenstand der vorliegenden Arbeit ist die Supply Chain für Konsumgüter mit Fokus auf die Wertschöpfungsstufe der Konsumgüterhersteller inklusive der Schnittstelle zum Einzelhandel. Innerhalb der Konsumgüter erfolgt eine zusätzliche Fokussierung auf Produktkategorien mit hoher Umschlagshäufigkeit (schnelldrehende Konsumgüter).

Theoretisch umfasst eine Supply Chain zwar alle Wertschöpfungsstufen vom Rohstoff bis zum Endverbraucher. Bei der konkreten Anwendung des SCM-Konzepts wird aber schnell deutlich, dass die Betrachtung der kompletten Lieferkette vom theoretischen Standpunkt wünschenswert, aber aufgrund der hohen Komplexität nicht praktikabel ist. In der Regel geht die Betrachtung eines spezifischen Supply-Chain-Umfelds daher von einem Fokusunternehmen aus. Ausgehend von diesem Unternehmen lassen sich dann relevante interne Funktionen sowie externe Teilnehmer der Supply Chain bestimmen. Externe Partner werden weiterhin in vorgelagerte ("upstream") und nachgelagerte ("downstream") Partner unterschieden (HANDFIELD/NICHOLS 1999, S. 2ff).

Für eine spezifische Analyse oder Managementaufgabe muss jeweils individuell entschieden werden, welche Beteiligten in die Betrachtung mit einzubeziehen sind. Diese Entscheidung wird in hohem Maß durch die Struktur der Branche vorbestimmt. In der Leiterplattenindustrie existieren zum Beispiel oft weitverzweigte Lieferantenstrukturen, die über fünf Wertschöpfungsstufen oder mehr hinweggehen. Dabei können sich Grundrohstoffe der ersten zwei Stufen, wie spezielle Glasmischungen, oft als entscheidender Engpass erweisen. Die Wertschöpfung der gesamten Kette hängt daher von Kapazitätsentscheidungen auf diesen frühen Stufen ab und erfordert eine koordinierte Planung über die gesamte Kette hinweg. Selbst wenn das Fokusunternehmen sehr weit hinten in der Kette angesiedelt ist, sollte es folglich die vorgelagerten Stufen in seine Analysen miteinbeziehen.

In der Konsumgüterindustrie hingegen liefern vorgelagerte Lieferanten oft nur unkritische Basisprodukte und sind deshalb von geringer strategischer Bedeutung für die Lieferkette. Ausnahmen bilden normalerweise lediglich Verpackungslieferanten, die in einigen Fällen wie ausgelagerte Produktionsstandorte behandelt werden. Weite Verzweigungen sind aber auch hier eher unüblich. Oft ist das Ende der Kette schon auf der zweiten Vorlieferantenstufe erreicht. Die meisten Untersuchungen in der Konsumgüterbranche fokussieren sich daher auf die Schnittstelle zwischen Industrie und Handel. Auch die großen ECR-Projekte spielen sich auf dieser Ebene ab. Ein Beispiel hierfür sind die derzeit durchgeführten Pilotprojekte zum Collaborative Planning, Forecasting, and Replenishment, bei denen die Planungsprozesse durch interorganisationale Kooperation verbessert werden. Dabei wird nur in einem Fall ein Verpackungslieferant miteinbezogen (Henkel - Condis - Cartisa). Alle anderen Projekte spielen sich lediglich zwischen Hersteller und Händler ab (GARRIGA et al. 2002).

Auch in der vorliegenden Arbeit werden die Supply-Chain-Stufen der Vorlieferanten daher weitgehend ausgeklammert. Dies kann im Rahmen der empirischen Untersuchung neben der oben erläuterten strategischen Schwerpunktsetzung zusätzlich auch durch pragmatische Motive begründet werden: Zum einen würde die Erweiterung der Untersuchung um eine weitere Wertschöpfungsstufe den Aufwand der empirischen Arbeit stark vergrößern und daher zu einer geringeren Tiefe der Forschung führen. Zum anderen müssten bei der Erhebung in den Unternehmen zusätzliche Organisationseinheiten und Entscheidungsinstanzen einbezogen werden. Lieferanten werden bei fast allen Konsumgüterherstellern durch Organisationseinheiten betreut, die bisher nicht Gegenstand der Untersuchung sind. Dafür müssten weitere Personen für die Interviews gewonnen werden. Die Bereitschaft zur Teilnahme würde durch den zusätzlichen Aufwand für die Unternehmen sinken.

Die vorliegende Arbeit für die schnelldrehende Konsumgüterindustrie wählt daher die Konsumgüterhersteller als Fokusunternehmen. Die Arbeit betrachtet dabei die innerbetrieblichen Prozessen der Hersteller sowie die Schnittstelle Hersteller - Händler. Der Ansatz ist durch die Schwerpunktsetzung auf die internen Prozesse weiter gefasst als große Teile der einschlägigen SCM-Diskussion für Konsumgüter, die sehr stark nur auf die Gestaltung der Kooperation zwischen Hersteller und Händler abzielt. Warum die Einbeziehung innerbetrieblicher Prozesse aber extrem wichtig für die Untersuchung ist, wird bei der folgenden Frage nach der Relevanz der Untersuchung deutlich: Ein großer Teil der beeinflussbaren Kosten und damit des Optimierungspotentials ist in den internen Prozessen gegeben.

1.3. Relevanz der Untersuchung

Die Konsumgüterindustrie ist neben Automobil- und High-Tech-Industrien eine der Branchen mit der stärksten Rezeption des SCM-Ansatzes. Der ECR-Initiative als branchenweitem Forum zur Weiterentwicklung von SCM-Konzepten und spezifischen Instrumenten wird von Seiten der Praxis hohe Bedeutung zugemessen. Dadurch ist eine hohe Erwartungshaltung an die Umsetzung moderner SCM-Methoden entstanden, die durch die vielversprechenden Ergebnisse vieler Fallstudien weiter gesteigert wird. Einige Beispiele sind im folgenden aufgeführt:

- Italien: Barilla und Conad reduzierten in einem Efficient Replenishment Projekt die Bestandskosten um 60%, die Personalkosten um 53% und die Abschreibungen um 53% (SEIFERT 2001, S.114).
- Schweden: Colgate Palmolive und ein schwedisches Handelsunternehmen (die KF-Gruppe) steigerten in einem gemeinsamen Projekt zur Anwendung von Efficient Store Assortment Umsatz und Ertrag: Der Kategorieumsatz des Händlers stieg um 8,5%, der Umsatz von Colgate Palmolive um 9% (SEIFERT 2001, S. 205).
- Deutschland: Procter & Gamble nutzte zur Einführung der Marke Pringles das ECR-Konzept Efficient Product Introduction. In Zusammenarbeit mit Fegros/Selgros konnten die Warengruppenumsätze

um 12% und der Ertrag um 8% gesteigert werden (CORSTEN/PÖTZL 2000, S. 97).

- England: Sainsbury's nutzte mehrere ECR-Projekte um die Snack-Kategorie zu optimieren. Durch die Reduzierung der Artikelzahl und die Neugestaltung des Sortiments steigerte sich der Umsatz um 10%, der Rohertrag um 9% (CORSTEN/PÖTZL 2000, S. 89).

COOPERS & LYBRAND (1996, S. 38) schätzen das Einsparungspotential in der europäischen Lebensmittel-Supply-Chain bei Konsumgüterindustrie und Handel auf insgesamt 5,7 % der Verbraucherpreise. Dazu führen sie Hochrechnungen möglicher Kosteneinsparungen und Umsatzverbesserungen durch, die auf theoretischen Analysen der Kostenverteilung und den Erfahrungen aus den Pilotprojekten basieren. Das hohe Ergebnis ihrer Schätzung untermauert die Relevanz des Themas weiter.

Ausgangspunkt für die Schätzung des Potentials ist die Kostenbetrachtung der Supply-Chain-Gesamtkosten. COOPERS & LYBRAND trennen zunächst zwischen den Kosten auf den verschiedenen Supply-Chain-Stufen und weisen dabei folgende Kostenverteilung in Prozent der Endverbraucherpreise aus:

- Einstandskosten Rohstoffe/Verpackungen: 32,8%
- Gesamtkosten Industrie (ohne Kapitalkosten): 38,1%
- Gesamtkosten Handel (ohne Kapitalkosten): 14,9%
- Marge Industrie/Handel (inkl. Kapitalkosten): 14,2%

Aus der Befragung von einzelnen Experten in Deutschland lässt sich die grundsätzliche Gewichtung der Kostenverteilung bestätigen. Unter Einbeziehung der Marge inklusive der Kapitalbindungskosten für die einzelnen Stufen ergibt sich aus den zusätzlichen Datenpunkten die folgende ungefähre Verteilung der Wertschöpfung zwischen den Stufen: Vorlieferant 30%, Industrie 50%, Handel 20%. Dies deckt sich mit den Statistiken des Eurohandelsinstituts (EHI 2002, S.

225) die eine Betriebshandelsspanne von 19,4% für den Lebensmitteleinzelhandel angeben.

Ein weiteres Herunterbrechen der Kosten erlaubt die Identifizierung der operativen Kosten, auf die sich die operativen Supply-Chain-Prozesse direkt auswirken können (Abbildung 1-2). Sieben Zehntel der Handelskosten oder ca. 14% der Endverbraucherpreise stehen in direktem Zusammenhang mit den SC-Prozessen im Handel. Ein Großteil der Kosten sind Personalkosten in den Filialen; ebenfalls von großer Bedeutung sind die Logistikkosten. In der Industrie entfällt zwar ein größerer Anteil auf Zentralkosten, wie z.B. Werbeausgaben sowie Marge, die operativen Kosten machen aber immer noch ungefähr vier Zehntel der Gesamtkosten oder 20% der Endverbraucherpreise aus. Das Schwergewicht liegt in den Prozesskosten der Produktion. Auch hier ist weiterhin der Logistikkostenblock von Bedeutung. Insgesamt sind also 34% der Endverbraucherpreise durch die operativen Prozesse von Herstellern und Händlern verursacht.

ABBILDUNG 1-2: TYPISCHE KOSTENSTRUKTUR FÜR KONSUMGÜTER

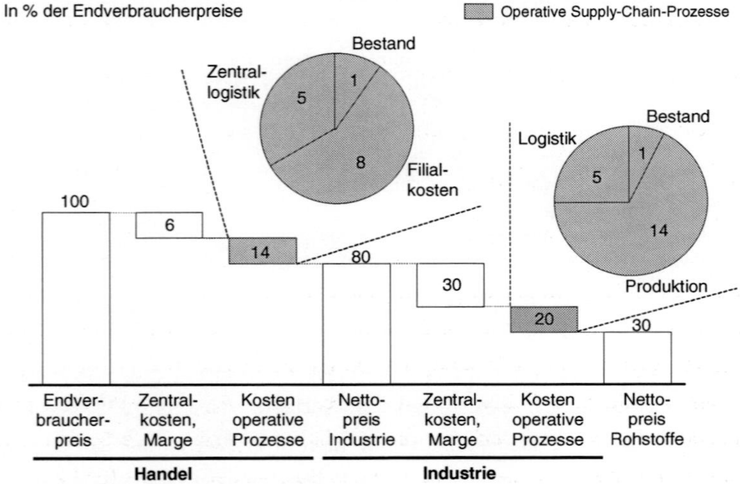

Quelle: Experteninterviews, COOPERS & LYBRANDS 1996

Durch die Quantifizierung der Optimierungsansätze der ECR-Initiative kann im weiteren das Einsparpotential beziffert werden (COOPERS & LYBRAND 1996, S. 42f). Die wichtigsten Optimierungshebel setzen dabei an den großen operativen Kostenblöcken an: Die "Integration von Lieferanten" zielt in erster Linie auf die Rohstoff- und Verpackungskosten. "Zuverlässige Produktion" und "Synchrone Produktion" wirken insbesondere auf die Produktions- und Logistikkosten. "Optimierte Promotions" sind ein weiterer Ansatzpunkt bei den Logistikkosten, haben aber weitere Auswirkungen auf die anderen Kostenblöcke. Zusammen mit weiteren Optimierungsansätzen mit geringerer Kostenbedeutung ergibt sich ein Kostenpotential von 4,8% der Endverbraucherpreise. Durch die zusätzliche Bestandsreduktion kann ein Potential von weiteren 0,9% der Endverbraucherpreise und dadurch ein Gesamtpotential von 5,7% erreicht werden. Zusätzlich zu den Kostenpotentialen ergibt sich aufgrund einer verbesserten Regalverfügbarkeit eine erhöhte Kundenzufriedenheit.

Leider ist eine detailliertere Darstellung und Bewertung der Wirkmechanismen in keiner der Untersuchungen öffentlich dargestellt. Auch wurden neuere Schätzungen im Rahmen der ECR-Initiative nicht mehr unternommen. Welcher Teil des Verbesserungspotentials inzwischen umgesetzt worden ist, ist daher ebenfalls unklar. Aus einer Untersuchung amerikanischer Einzelhändler geht jedoch hervor, dass der Bestand 2001 sogar höher lag als zu Beginn der ECR-Initiative 1995. Und obwohl es zahlreiche Beispiele für die erfolgreiche Umsetzung von ECR-Konzepten gibt, ist die Erfolgswirkung nicht in jedem Fall gegeben (FRANKEL et al. 2002).

Eine differenziertere Analyse der Zusammenhänge scheint daher für eine wissenschaftliche Auseinandersetzung mit den Zahlen notwendig, will man sie nicht als reine Effekthascherei beiseite legen. Insbesondere ist eine weitergehende empirische Überprüfung von Erfolgswirkungen des Supply Chain Managements notwendig. Bis dahin beschreibt KOTZAB (1999, S. 373) die ECR-Potentiale in diesem Zusammenhang als "more a theoretical than an empirical result". Gleichfalls vermutet er, dass Unternehmensberatungen die ECR-Konzepte als Argument benutzen, um ihre Dienstleistungen besser verkaufen zu können. Die vorliegende Arbeit leistet einen Beitrag, um diesen Vorwurf zu klären.

Vorbehaltlich aller Unklarheiten bezüglich der Höhe tatsächlich umsetzbarer Einsparungsmöglichkeiten erklärt die weite Diffusion der Konzepte und der einzelfallbezogenen Erfolgsberichte, warum dem Management der Supply Chain für Konsumgüter so hohe Bedeutung zugemessen wird. Die Vielzahl von modischen SC-Konzepten und weit divergierenden Potentialschätzungen begründen jedoch eine große Unsicherheit in der Praxis. Viele insbesondere kleinere Unternehmen befürchten Wettbewerbsnachteile und möchten sich gerne so schnell wie möglich an der Entwicklung beteiligen, wissen allerdings nicht, wo sie ansetzen sollen. Die vorliegende Arbeit soll dazu beitragen, die unterschiedlichen SCM-Konzepte aus einer Gesamtperspektive darzustellen, ihre Wirkung zu beurteilen und Handlungsempfehlungen abzuleiten. Dadurch wird eine für die Praxis hochrelevante Entscheidungsunterstützung angeboten.

1.4. Beitrag zur Forschung

Supply Chain Management ist ein relativ neues betriebswirtschaftliches Konzept, und so ist auch die Forschung in diesem Gebiet derzeit noch in ihrem Anfangsstadium. Anhand der führenden Fachzeitschriften mit anwendungsorienterter Ausrichtung, dem "International Journal of Logistics Management" und der Zeitschrift "Supply Chain Management", kann die Entwicklung des Forschungsgebiets in den letzten Jahren verfolgt werden. Das "International Journal of Logistics Management" ist eine führende Publikation für strategische Fragen des Supply Chain Managements aus dem wissenschaftlichen Bereich. In der Zeitschrift "Supply Chain Management" kommen zu einem größeren Anteil auch Praktiker zu Wort. Die Auswertung und Klassifizierung von 256 Artikeln aus den Jahren 1996 bis 2002 der beiden Zeitschriften ergibt, dass insbesondere bei empirischen Arbeiten noch Nachholbedarf besteht (Abbildung 1-3, Übersicht über die Zuordnung in Anhang A).

36 % der ausgewerteten Artikel sind konzeptionelle Beiträge ohne empirische Fundierung. Weitere 44% der Beiträge basieren lediglich auf einzelnen Fallstudien und bieten damit ebenfalls keine empirischen Aussagen zur Gültigkeit über den Einzelfall hinaus. Viele dieser Aufsätze beschreiben auf der Basis einzelner Beratungsprojekte und Fallbeispiele Best-Practice-Ansätze im SCM. Dazu werden Erfahrungen verallgemeinert oder auf andere Zusammenhänge übertragen und konzeptionell weiter entwickelt.

ABBILDUNG 1-3: KLASSIFIZIERUNG BESTEHENDER SUPPLY-CHAIN-LITERATUR

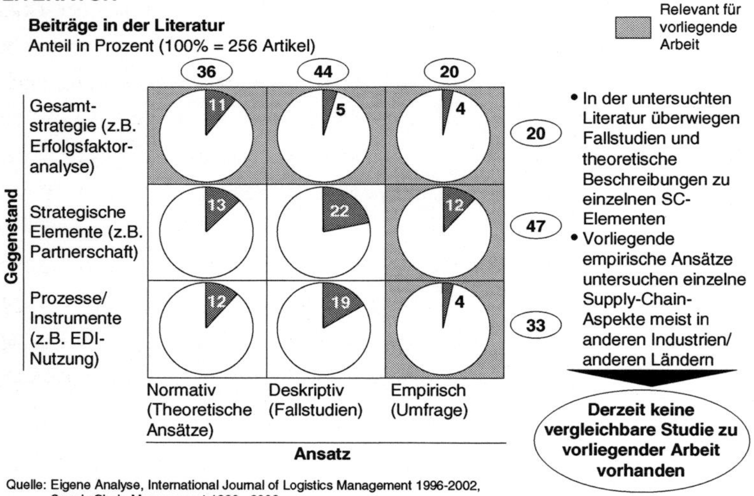

Quelle: Eigene Analyse, International Journal of Logistics Management 1996-2002, Supply Chain Management 1996 - 2002

Erst in jüngerer Zeit sind verstärkt empirische Arbeiten zu verzeichnen. Diese stellen aber bisher nur 20% der Gesamtbeiträge dar. Empirische Untersuchungen sind für das Supply Chain Management aus wissenschaftlicher Sicht aber unbedingt notwendig, um die externe Validität des Supply Chain Managements zu belegen.

Die meisten empirischen Arbeiten beschränken sich zudem auf die Analyse einzelner Elemente des Supply Chain Managements. Ein Beispiel hierfür ist die Untersuchung des Einflusses von IT-Systemen auf den Supply Chain Erfolg

(JAYARAM et al. 2000). Während diese Untersuchungen wichtige Erkenntnisse zu Einzelbereichen der Supply Chain erzielen, sind sie jedoch nicht in der Lage das SCM-Konzept gesamtheitlich zu bewerten. Supply Chain Management zielt aber gerade auf Gesamtkosten und Gesamterfolg einer Supply Chain ab und nicht auf Teiloptimierungen. Deshalb ist aus Sicht der SCM-Forschung eine weitere Fundierung des Gesamtkonzepts auf der Basis einer umfassenden Methodik wie dem Ansatz der Erfolgsfaktorenforschung sinnvoll.

Die vorliegende Arbeit stellt einen wesentlichen Beitrag zur empirischen Überprüfung der quantitativen Erfolgswirkung der Konzepte des Supply Chain Managements dar. Durch die Basierung auf 58 Interviews mit Unternehmen der Konsumgüterindustrie und des Einzelhandels in Deutschland können repräsentative Aussagen zum deutschen Konsumgütersektor gemacht werden. Die Bewertung des Supply-Chain-Erfolgs auf der Basis umfassender quantitativer Kennzahlen anstelle der häufig verwendeten rein subjektiven Selbsteinschätzung leistet einen wesentlichen Beitrag zur Aufdeckung objektiver Leistungsunterschiede. Die in Abschnitt 3 beschriebene Verwendung der Data Envelopment Analysis stellt zudem eine methodische Weiterentwicklung gegenüber bisherigen Studien von Supply-Chain-Leistung dar. Das im Folgenden dargestellte Konzept kann daher auch für andere Untersuchungen in der Supply-Chain-Forschung, z.B. in anderen Branchen, gewinnbringend eingesetzt werden.

1.5. Gang der Arbeit

Die vorliegende Arbeit ist in sechs Abschnitte unterteilt (Abbildung 1-4). Im ersten Abschnitt wurde der Untersuchungsgegenstand und das Ziel der Arbeit beschrieben. Dazu wurde zunächst der Begriff des Supply Chain Managements definiert und eingegrenzt. Darüber hinaus wurde das Untersuchungsfeld der Konsumgüterindustrie näher bestimmt. Weiterhin wurde die Frage nach der Relevanz des Themas und seiner Bedeutung für die betriebswirtschaftliche Forschung und Praxis beantwortet. Schließlich wurde der Innovationsgehalt der

Arbeit diskutiert und es wurde herausgestellt, inwiefern die Arbeit einen neuen Beitrag zur Forschung leisten kann.

Der zweite Abschnitt erläutert den theoretischen Ansatz der Erfolgsfaktorenforschung. Nach einer kurzen Darstellung der Historie dieser Forschungsrichtung und dem grundsätzlichen Vorgehen werden mögliche Gegenstandsbereiche diskutiert. Die verschiedenen Methoden innerhalb der Erfolgsfaktorenforschung werden dargestellt und Kriterien zur Bewertung der Methoden besprochen. Zum Abschluss wird die Auswahl eines quantitativ-konfirmatorischen Vorgehens begründet.

ABBILDUNG 1-4: GANG DER ARBEIT

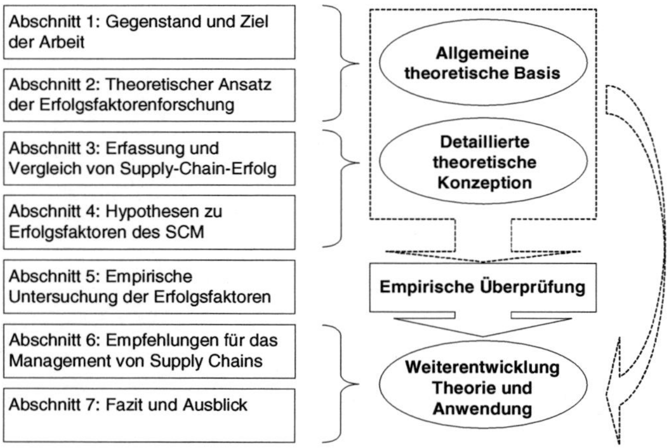

Quelle: Eigene Darstellung

Im dritten Abschnitt wird Erfolg im Supply Chain Management theoretisch diskutiert und operationalisiert. Dabei wird ein Kennzahlensystem mit sieben Leistungsindikatoren ausgewählt, das sowohl in den Interviews quantitativ erhebbar ist, als auch die Supply-Chain-Leistung umfassend abdecken kann. Zum Vergleich der Supply Chains anhand des mehrdimensionalen Kennzahlensystems müssen die einzelnen Zahlen zu einer Gesamtleistung aggregiert werden. Hierzu werden verschiedene Methoden diskutiert und die Auswahl der Data Envelopment Analysis (DEA) begründet. Es folgt eine Erläuterung der DEA-Methodik und typischer Modifikationen der DEA-Basismodelle.

Der vierte Abschnitt stellt Hypothesen auf, die Erfolg im Management der Supply Chain erklären. Im einzelnen werden Hypothesen zu den Themenbereichen SC-Kooperation, Segmentierung, Planung/Organisation, Operative SC-Prozesse, IT-Systeme und Kennzahlensystem vorgestellt. Basis für die Hypothesen sind neben dem Forschungsstand des SCM in der Literatur auch Experteneinschätzungen. Die Hypothesen fokussieren sich jeweils auf innerbetriebliche Prozesse bei Konsumgüterherstellern, beziehen aber auch die Schnittstelle zum Einzelhandel ein.

Aufbauend auf der in den Abschnitten 1 bis 4 entwickelten theoretischen Basis beschreibt der fünfte Abschnitt die empirische Untersuchung. Zunächst wird das Untersuchungsdesign mit der Durchführung von persönlichen Interviews begründet. Darauf aufbauend erfolgt die Beschreibung der Durchführung der Datenerhebung. Aufgrund eines hohen Rücklaufs von über 50% konnten 40 Interviews mit Herstellern und 18 ergänzende Interviews mit Händlern durchgeführt werden. Die erhobenen Daten werden dann in drei Schritten statistisch ausgewertet. Im ersten Schritt werden Unterschiede zwischen effizienten und nicht-effizienten Herstellern hinsichtlich einzelner SC-Instrumente bestimmt. In einem zweiten Schritt werden durch eine Clusteranalyse die Zusammenhänge zwischen den einzelnen SC-Instrumenten überprüft. In einem dritten Schritt erfolgt im Rahmen einer multivariaten Regressionsanalyse die Untersuchung von Kausalbeziehungen unter der Berücksichtung von Interaktionseffekten. Schließlich werden die Hypothesen vor dem Hintergrund der verschiedenen Ergebnisse bewertet. Insbesondere die Hypothesen zur Planung/Organisation und zu den operativen SC-Prozessen werden dabei klar bestätigt.

Im sechsten Abschnitt werden Handlungsempfehlungen zu den einzelnen Themen abgeleitet. An dieser Stelle fließen zusätzlich zu den quantitativen Ergebnissen aus Abschnitt 5 die zahlreichen qualitativen Erkenntnisse aus den Interviews ein, die bei den übrigen Auswertungen nicht verwendet werden konnten. Schließlich wagt der letzte Abschnitt 7 einen Ausblick in die Zukunft des SCM für Forschung und Praxis.

2. Theoretischer Ansatz der Erfolgsfaktorenforschung

2.1. Beschreibung und Historie des Ansatzes

Die Erfolgsfaktorenforschung verfolgt das Ziel, Kausalzusammenhänge zwischen Parametern des unternehmerischen Handelns und des wirtschaftlichen Kontexts von Unternehmen auf der einen Seite und dem Erfolg auf der anderen Seite aufzuzeigen (HAENECKE 2002, S. 166). Diese Kausalzusammenhänge und Wirkungsrelationen sind in der betrieblichen Praxis jedoch äußerst komplex. Zum einen verursacht jede Managementhandlung verschiedene Wirkungen in den unterschiedlichen Kontexten des Unternehmens. Zum anderen ist jede Wirkung auf mehr als einen Entscheidungsparameter zurückzuführen. Die unterschiedlichen Wirkungen einzelner Handlungen können dabei interagieren und sich verstärken oder aufheben. Wenn man den Erfolg eines Unternehmens analysieren will, trifft man daher auf multiple, mehrdimensionale Kausalbeziehungen (GÖTTGENS 1996, S. 36ff).

Die Erfolgsfaktorenforschung ist ein theoretischer Ansatz, der in dieser komplexen Ausgangssituation versucht, den unternehmerischen Erfolg empirisch zu klären. Ziel ist es dabei, möglichst wenige und konkrete Kausalbeziehungen zwischen dem unternehmerischen Handeln und dem unternehmerischen Erfolg zu identifizieren. Dadurch sollen möglichst eindeutige Handlungsempfehlungen abgeleitet werden, oder wie FRITZ (1993, S.1) formuliert: Es wird versucht, "jene Kausalfaktoren empirisch zu ermitteln, die über Erfolg oder Misserfolg der betrieblichen Aktivitäten maßgeblich entscheiden."

Die Geschichte der Erfolgsfaktorenforschung geht auf die 60er Jahre des 20. Jahrhunderts zurück (KRÜSI-SCHÄDLE 2001, S. 102f). Bei der Gestaltung von Management-Informations-Systemen wurde die These aufgestellt, dass es für jede Branche einige "key jobs" gebe, bei deren effizienter Gestaltung der Unternehmenserfolg gesichert werden könne. Wichtig ist, dass die Anzahl dieser Erfolgsfaktoren begrenzt ist. Nur so kann sich die Unternehmensführung auf die wenigen zentralen Elemente des Gestaltungsspielraums mit hoher Ergebniswirkung fokussieren. Diese Erkenntnis nutzen Manager bei der Gestaltung von

Management-Informationssystemen, um die Aufmerksamkeit der Unternehmensführung auf die wesentlichen Aspekte zu lenken. In die gleiche zeitliche Epoche fallen die ersten großzahligen empirischen Erfolgsfaktorenstudien im Rahmen der Studie Profit Impact of Market Strategy (PIMS) (BUZZLE/GALE 1987).

Der theoretische Ansatz der Erfolgsfaktoren wurde konzeptionell erweitert von ANTHONY et al. (1972, S. 147ff), der die Erfolgsfaktoren aus der Sicht des einzelnen Unternehmens näher analysiert und die Trennung zwischen internen und externen Faktoren einführt. Intern sind alle Erfolgsfaktoren, die Entscheidungsparameter des Unternehmens darstellen; als externe Erfolgsfaktoren werden alle Umweltvariablen bezeichnet, die den Unternehmenserfolg entscheidend beeinflussen.

Eine Weiterentwicklung des Konzeptes ging von ROCKART (1979, S. 85ff) aus, der Erfolgsfaktoren ("critical success factors") definierte als "the limited number of areas in which results, if they are satisfactory, will ensure successful competitive performance for the organization. They are the few key areas where, 'things must go right' for the business to flourish." In der deutschsprachigen Literatur führte PÜMPIN (1982) den Begriff der strategischen Erfolgsposition ein, als "Voraussetzung, die es der Unternehmung erlaubt, im Vergleich zur Konkurrenz langfristig überdurchschnittliche Ergebnisse zu erzielen."

Für den Begriff Erfolgsfaktor werden noch eine Reihe weiterer Synonyme verwendet: Einflussfaktoren, Erfolgskomponenten, kritische Erfolgsfaktoren, Erfolgspositionen und strategische Schlüsselfaktoren (GÖTTGENS 1996, S. 30). Für den weiteren Verlauf der Arbeit wird die Terminologie von HAENECKE (2001, S. 14f) verwendet, der die wesentlichen Begriffe wie folgt abgrenzt:

Erfolgsindikatoren sind Größen, die den Erfolg eines Unternehmens messbar und vergleichbar machen.

Variablen sind die in der Erfolgsfaktorenforschung verwendeten unternehmensbezogenen (interne Variablen, Entscheidungsparameter) und umweltbezogenen (externe Variablen, Kontextvariablen) vermuteten Ursachen, die auf eine Wirkung auf den Erfolg hin untersucht werden.

Erfolgsfaktoren sind diejenigen internen und externen Variablen, die den Erfolg oder Misserfolg eines Unternehmens entscheidend beeinflussen.

2.2. Gegenstandsbereiche von Erfolgsfaktorenuntersuchungen

Ursprünglich wurde der theoretische Ansatz der Erfolgsfaktorenforschung mit dem Ziel konzipiert, den Gesamterfolg von Unternehmen zu erklären. Gegenstand war meist die gesamte Breite des unternehmerischen Handelns und des Unternehmensumfelds, auf deren Basis dann "laws of the marketplace", also allgemeingültige Ursachen des Erfolgs beschrieben werden sollten. Ein Beispiel für diese Art der totalen Erfolgsfaktorenstudien sind die auf der Profit Impact of Marketing Strategy (PIMS) - Datenbank basierenden Auswertungen ab den 70er Jahren (BUZZLE/GALE 1987). Inzwischen gibt es eine Reihe von Erfolgsfaktorenstudien, die anstelle eines solchen totalen Ansatzes den Gegenstandsbereich auf einzelne Branchen oder Funktionen einschränken. Die vorliegende Untersuchung ist ein Beispiel für einen solchen partiellen Ansatz. Einige Beispiele für die unterschiedlichen Gegenstandsbereiche werden im Folgenden vorgestellt (Abbildung 2-1).

Das Paradebeispiel für Erfolgsfaktorenstudien mit einem totalen Ansatz ist die PIMS-Forschung. Das PIMS-Programm wurde initiiert durch eine Untersuchung von General Electric in den 60er Jahren. General Electric suchte nach Wegen, den Erfolg von Geschäftseinheiten des stark diversifizierten Konzerns anhand weniger Kriterien vorhersagen zu können und Empfehlungen für das Management der einzelnen Einheiten und die zentrale Gestaltung des Portfolios abzuleiten. Bis Ende der 80er Jahre hatten sich neben General Electric mehr als 450 Unternehmen an der Untersuchung beteiligt. Die zentrale PIMS-Datenbank umfasst damit Daten von fast 3000 Geschäftseinheiten. Sie beinhaltet aggregierte Erfolgsindikatoren wie Kapitalrendite, Umsatzrendite und Cashflowgrößen sowie eine Vielzahl externer und interner Variablen wie Größe, Anzahl Kunden,

Qualitätsmaße, relative Preis- und Kostenpositionen, vertikaler Integrationsgrad etc. (BUZZLE/GALE 1987, S. 1ff).

ABBILDUNG 2-1: GEGENSTANDSBEREICHE VON ERFOLGSFAKTOREN-STUDIEN

Quelle: Eigene Darstellung

Auf Basis dieser umfangreichen Daten zeigen statistische Auswertungen eine Reihe von Zusammenhängen zwischen Erfolgsgrößen und Management-praktiken auf. Aus der Vielzahl von beobachteten internen Variablen lassen sich einige wenige Praktiken aussondern, die den Großteil der Erfolgsabweichung erklären können (BUZZLE/GALE 1987, S. 8ff). Generell bestätigt die PIMS-Forschung die Haupthypothese der Erfolgsfaktorenforschung, dass es nur einige wenige maßgebliche Erfolgsfaktoren gibt.

Trotz einiger Kritik an der Analysemethodik und der Repräsentativität der Teilnehmer (GÖTTGENS 1996, S. 78ff, FRITZ 1993, S. 17ff) sind viele der von PIMS festgestellten Zusammenhänge und Erfolgsfaktoren inzwischen in die betriebswirtschaftliche Forschung und Managementliteratur eingegangen. In jedem Fall ist die PIMS-Datenbank und die darauf basierende Forschung die umfassendste Erfolgsfaktorenstudie, die je durchgeführt wurde. Die Breite des

Gegenstandsbereichs mit der vielfältigen Erfassung und Auswertung von Erfolg und der Vielzahl betrachteter Variablen sind beispielhaft für einen totalen Forschungsansatz.

Seit den 80er und 90er Jahren gibt es verstärkt Erfolgsfaktorenuntersuchungen, die einen partiellen Forschungsansatz verfolgen. Die Partialbetrachtung fokussiert den Untersuchungsgegenstand dabei in zwei Dimensionen: Zum einen kann der Umfang der untersuchten Unternehmen eingeschränkt werden, indem sich die Studie auf einzelne Industriezweige beschränkt oder eine Grundgesamtheit mit anderen gemeinsamen Merkmalen auswählt. Zum anderen können die untersuchten Parameter und die ausgewerteten Erfolgsindikatoren eingeschränkt werden.

Beide Ansätze versprechen durch das höhere Detaillierungsniveau und die größere Homogenität der Grundgesamtheit eine stärkere Aussagekraft der Ergebnisse bei eingeschränktem Gültigkeitsbereich. Wenn Untersuchungen auf einer zu heterogenen Basis beruhen, kann dies zu Nivellierungen und Verzerrungen führen und die Gültigkeit der Untersuchungen beeinträchtigen. Wenig spezifische Untersuchungen sollten sich daher auf sehr allgemeine Zusammenhänge beschränken, im Zweifelsfall müssen Ergebnisse auf die Validität für einzelne Branchen neu überprüft werden (KUBE 1991, S. 4f).

Ein Beispiel für ein homogenes Untersuchungsfeld durch die Fokussierung auf eine spezifische Branche bei gleichzeitiger Betrachtung mehrerer Funktionen bildet die Arbeit von SCHEFCZYK (1994). Er untersucht Erfolgsfaktoren für Unternehmen der Gießereiindustrie. Da Gießereien eine schrumpfende Industrie darstellen, wären die Ergebnisse nicht mit Untersuchungen von Wachstumsbranchen wie der Telekommunikation zu vergleichen. Durch die Betrachtung einer einzigen Branche verspricht sich SCHEFCZYK die Ableitung industriespezifischer Erfolgsfaktoren, die dann wesentlich genauer sein können als globale Untersuchungen wie die PIMS-Forschung.

Dass man auch über verschiedene Branchen hinweg zu sehr detaillierten und aussagekräftigen Ergebnissen gelangen kann, indem man sich auf einen kleinen

Ausschnitt der Variablen konzentriert, beweist KRÜSI-SCHÄDLE (2001) in ihrer Untersuchung von Business Process Reengineering (BPR) - Projekten. Durch die Beschränkung auf BPR-Projekte wird ein kleiner, sehr spezieller Ausschnitt der betrieblichen Handlungsparameter ausgewählt. Im Vergleich etwa zu einer Betrachtung von Projekten allgemein kann sie ihre Fragen daher wesentlich spezifischer formulieren. Dadurch erreicht sie eine hohe Aussagekraft der Ergebnisse.

Die Mehrzahl der jüngeren Erfolgsfaktorenstudien sind partielle Untersuchungen, die sich sowohl hinsichtlich der Grundgesamtheit als auch hinsichtlich der untersuchten Variablen auf einen kleinen Ausschnitt des betriebswirtschaftlichen Handelns konzentrieren. Dadurch erreichen sie eine sehr homogene Untersuchungsbasis und kommen zu sehr aussagekräftigen und spezifischen Schlussfolgerungen bezüglich der identifizierten Erfolgsfaktoren. Die so ermittelten Ergebnisse und die daraus abgeleiteten Erfolgsfaktoren sind für die Praxis von hoher Relevanz – bei allerdings eingeschränktem Adressatenkreis. Ein Beispiel für eine solche spezifische Arbeit ist die Untersuchung von KRECHTING (1997) über Erfolgsfaktoren bei der internationalen Übertragung von Marketingkonzepten im Versandhandel.

Entsprechend der Einschränkung des Variablenraums müssen in partiellen Erfolgsfaktorenstudien auch die Erfolgsindikatoren angepasst werden. Wenn nur ein Teilausschnitt des Handlungsfeldes eines Unternehmens betrachtet wird sind auch die Auswirkungen in erster Linie auf diesen Teilausschnitt begrenzt. Der Wirkungszusammenhangs zwischen Erfolgsfaktoren und dem Gesamterfolg eines Unternehmens wird bei reduziertem Ausschnitt der Betrachtung durch die steigende Anzahl von Fremdeinflüssen immer schwächer. Eine statistisch signifikante Identifikation von Erfolgsfaktoren über globale Erfolgsindikatoren ist daher in der Regel nicht mehr möglich.

Wenn globale Erfolgsindikatoren nicht in Frage kommen, wird die Identifikation von partiellen und sehr spezifischen Erfolgsindikatoren notwendig. Hierzu kann analog zum Zielansatz vorgegangen werden (KALKA 1996, S. 25ff). Der Zielansatz beschreibt Ziele auf unterschiedlichen Hierarchieebenen in einem Zielsystem. Ziele auf untergeordneten Ebenen sind durch Mittel-/Zweckbeziehungen mit den übergeordneten Zielen verbunden. Für eine konkrete Untersuchung ist jeweils ein dem Umfang entsprechendes Teilsystem der Ziele zu bestimmen. KRÜSI-SCHÄDLE definiert Erfolg in ihrer Untersuchung von BPR-Projekten folgerichtig nicht als Unternehmenserfolg, sondern als Erfolg von BPR-Projekten. Ein Erfolgsfaktor ist demnach eine Variable, "deren Befolgung die Chancen eines Projektes, die gesteckten Ziele zu erreichen, erhöhen." (KRÜSI-SCHÄDLE 2001, S. 103) Die Konkretisierung der Erfolgsindikatoren für die vorliegende Arbeit geschieht analog im Abschnitt 3.

2.3. Methoden in Erfolgsfaktorenuntersuchungen

Nach der Festlegung des Gegenstandsbereichs stellt sich die Frage nach der Methode für eine Erfolgsfaktorenuntersuchung. Im Folgenden werden zunächst unterschiedliche Methoden dargestellt (Abschnitt 2.3.1). Im Anschluss werden die Methoden zur Erfolgsfaktorenforschung aus zwei Betrachtungsweisen bewertet:

- Aus einer allgemein-wissenschaftstheoretischen Perspektive lassen sich die Methoden hinsichtlich der Erfüllung grundsätzlicher Anforderungen an die empirische Forschung beurteilen (Abschnitt 2.3.2).
- In einer anwendungsorientierten Bewertung lässt sich die Eignung der Methoden vor dem Hintergrund eines spezifischen Forschungsvorhabens bewerten (Abschnitt 2.3.3).

2.3.1. Darstellung unterschiedlicher Methoden

Es lassen sich vier unterschiedliche Methoden in der Erfolgsfaktorenforschung beschreiben (Abbildung 2-2; HAENECKE 2002, S. 167ff).

ABBILDUNG 2-2: ÜBERSICHT ÜBER METHODEN FÜR ERFOLGSFAKTORENSTUDIEN

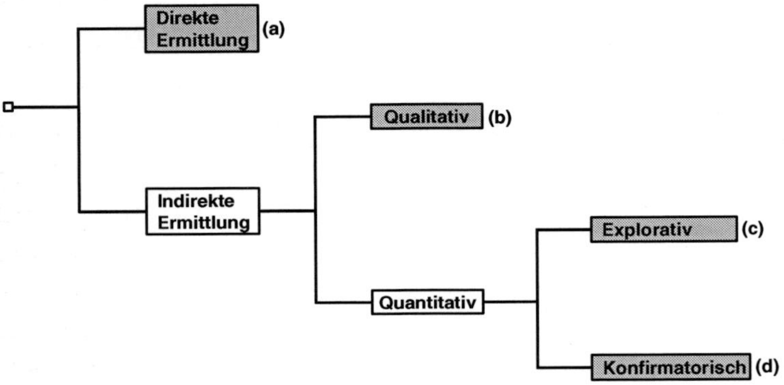

Quelle: HAENECKE 2002, Abb. 1

Bei der **direkten Ermittlung** (a) von Erfolgsfaktoren ergeben sich die Erfolgsfaktoren unmittelbar aus der Befragung von Experten. Dazu wählt der Forscher Personen aus, denen er für den Untersuchungsgegenstand einen Expertenstatus verleiht und befragt sie nach Erfolgsursachen (MEUSER/NAGEL 1991). Die Meinungen der Experten werden dann direkt übernommen, aggregiert und ausgewertet. Damit erfolgt die Auswertung der Aussagen auf einer direkten Ebene.

Je nach der Art der Durchführung von Interviews kann die direkte Ermittlung von Erfolgsfaktoren in rein methodisch gestützten oder methodisch und materiell gestützten Untersuchungen erfolgen. Rein methodisch gestützte Untersuchungen nutzen vollständig offene Erhebungsmethoden und verwenden in der Regel Kreativitätstechniken oder andere Heuristiken. Die methodisch und materiell gestützten Untersuchungen verwenden auch teilweise geschlossene Erhebungsmethoden. Dabei setzen sie zusätzliche Bezugsrahmen für die Befragten, indem sie Auswahlmöglichkeiten vorgeben und die Fragen stärker eingrenzen.

Beispiele für direkte Ermittlungen von Erfolgsfaktoren sind die frühen Untersuchungen von Erfolgsfaktoren bei der Analyse von Management-Informations-Systemen (ROCKART 1979). Dazu wurden die Manager meist direkt nach den für sie relevanten Informationen gefragt, die dann in den Systemen umgesetzt wurden. Eine derartige Befragung ist bei der Gestaltung von Controlling-Systemen auch heute noch üblich.

Auch in populärwissenschaftlichen Analysen wird die direkte Ermittlung von Erfolgsfaktoren aufgrund Ihrer Einfachheit oft benutzt. Des weiteren werden Erfolgsfaktoren im wissenschaftlichen Kontext oft in explorativen Phasen direkt ermittelt. Eine Anwendung im Bereich des Supply Chain Managements lässt sich bei SEIFERT (2001, S. 272ff) finden. SEIFERT befragt Experten aus Industrie, Handel und Beratungen mittels eines Fragebogens nach der Bedeutung einzelner Parameter für den Erfolg von Efficient Consumer Response (ECR)-Konzepten sowie nach dem Nutzenpotential einzelner ECR-Instrumente. Die Erhebung ordnet den einzelnen Parametern und Instrumenten dabei jeweils einen Bedeutungs- bzw. Nutzenwert zu. Aus der Aggregation dieser Werte ermittelt SEIFERT den Stellenwert der einzelnen Methoden und untermauert dies inhaltlich durch Gespräche. Es handelt sich hier also um eine materiell gestützte, direkte Ermittlung von Erfolgsfaktoren.

Im Gegensatz zur direkten Ermittlung werden bei der **indirekten Ermittlung** von Erfolgsfaktoren die Aussagen der befragten Personen auf eine andere Ebene transformiert und ausgewertet. Dazu werden Informationen zu internen und externen Variablen auf der einen Seite und zu Erfolgsindikatoren auf der anderen Seite erhoben. Diese Informationen werden dann durch statistische oder durch andere Analysetechniken in Bezug gesetzt und dadurch Schlussfolgerungen zu Erfolgsfaktoren abgeleitet (HAENECKE 2001, S. 168f).

Erfolgt die Auswertung ohne die Anwendung statistischer Methoden liegt eine **qualitative Ermittlung** (b) von Erfolgsfaktoren vor. Erfolgsfaktoren werden hierbei meist als gemeinsame Merkmale von erfolgreichen Unternehmen gedanklich zusammengefasst. Basis hierfür ist die inhaltliche Analyse von

Antworten. Dabei werden oft Best-Practice-Beispiele vorgestellt und verallgemeinert.

Eine vielbeachtete Arbeit, in der Erfolgsfaktoren durch eine qualitative Methodik bestimmt werden, ist die Studie von PETERS/WATERMAN (2000), die erstmals Anfang der 80er Jahre veröffentlicht wurde. Die Autoren wählen 62 amerikanische Unternehmen aus, die sie als "excellent companies" einstufen. Aus der qualitativen Analyse von Gemeinsamkeiten dieser Unternehmen stellen sie einen Katalog von Erfolgsfaktoren zusammen, der zum größten Teil auf weiche Faktoren abzielt (Primat des Handelns, Nähe zum Kunden, Freiräume für Unternehmertum, Achtung der Mitarbeiter, Unternehmensführung durch Werte, Orientierung am angestammten Geschäft, einfache und flexible Organisationsstruktur und straff-lockere Führung). Die Untersuchung wird vor allem methodisch wegen der mangelnden Repräsentativität, einer oberflächlichen Literaturauswertung und der fehlenden Überprüfung durch eine Kontrollgruppe nichtexzellenter Unternehmen stark kritisiert (SCHEFCZYK 1994, S. 39ff). Die Bedeutung der Studie ist aber vor allem darin zu sehen, dass sie die Einbeziehung schwer zu erfassender weicher Faktoren vorangetrieben hat.

Quantitative Erfolgsfaktorenstudien basieren auf der statistischen Auswertung von internen und externen Variablen und Erfolgsindikatoren. Für quantitative Untersuchungen können sowohl numerische, harte Faktoren als auch weiche Faktoren berücksichtigt werden. Weiche Variablen wie z.B. die Unternehmenskultur können dazu als theoretische Konstrukte modelliert, operationalisiert und quantitativ analysiert werden. Um komplexe Konstrukte quantitativ abzubilden, können zudem moderne mathematische Methoden wie die Fuzzy-Logik angewandt werden (KLEMM-BAX 2000). Die Auswahl der Methodik (qualitativ oder quantitativ), ist daher von den Eigenschaften der untersuchten Variablen zu trennen.

Quantitative Ansätze lassen sich aufgliedern in explorative und konfirmatorische Ansätze. Bei **quantitativ-explorativen** (c) Untersuchungen gehen oft eine Vielzahl von möglichen Variablen ein, ohne dass vorab ein explizites Modell hinsichtlich vermuteter Kausalbeziehungen existiert. Die einzelnen Variablen werden auf Beziehungen zu den Erfolgsindikatoren hin untersucht, dabei priorisiert und aggregiert zu Erfolgsfaktoren zusammengefasst. Bei einem explorativen Vorgehen steht die Analyse der empirischen Daten am Anfang der Untersuchung. Sie deckt Zusammenhänge auf, die dann inhaltlich beschrieben und interpretiert werden können. Statistische Zusammenhänge die im Rahmen von quantitativ-explorativen Untersuchungen aufgedeckt werden, müssen aber nicht zwangsläufig eine Kausalbeziehung beschreiben. Vielmehr bilden sie den Ausgangspunkt für die Formulierung von Kausalhypothesen. Sie bedürfen aber einer inhaltlichen Fundierung und einer erneuten Überprüfung im Rahmen einer konfirmatorischen Untersuchung.

Die Mehrzahl der quantitativen Erfolgsfaktorenstudien folgt einem explorativen Forschungsansatz (HAENECKE 2002, S. 177). Ein Paradebeispiel für quantitativ-explorative Untersuchungen sind die Forschungen anhand der PIMS-Datenbank. Aber auch viele der neueren Arbeiten der Erfolgsfaktorenforschung sind dem quantitativ-explorativen Ansatz zuzurechnen. Die verwendete Methodik basiert meist auf Faktoren- und Regressionsanalysen. Auch Kausalanalysen können für explorative Zwecke verwendet werden, wenn eine große Anzahl von Variablen untersucht wird, allerdings erfolgt dann durch die Kausalanalyse keine Verifizierung der Kausalzusammenhänge. Dies muss in einer erneuten Untersuchung mit dann vorformulierten Hypothesen geschehen.

Ein Beispiel für eine explorative Vorgehensweise findet sich bei HAENECKE (2001). Er generiert für das Krankenkassenmarketing eine Vielzahl von internen Parametern und externen Variablen als mögliche Erfolgsfaktoren, untersucht diese empirisch auf den Zusammenhang mit Erfolgsindikatoren und trifft dadurch eine Vorauswahl der relevanten Variablen. Anschließend nutzt HAENECKE die Methodik der Faktorenanalyse, um die relevanten Variablen zu gliedern und Erfolgsfaktoren auf einem höheren Aggregationsniveau zu identifizieren.

Bei **quantitativ-konfirmatorischen** (d) Ansätzen stehen vorformulierte Hypothesen zu Erfolgsfaktoren am Anfang der Untersuchung. Der inhaltliche Bezugsrahmen für die Kausalbeziehungen steht also bereits fest und wird durch die Untersuchung nicht mehr aufgestellt sondern lediglich operationalisiert. Die empirische Untersuchung dient alleine einer Überprüfung der a-priori vermuteten Zusammenhänge, ist also kausalstruktur-überprüfend. Können statistisch signifikante Beziehungen entlang der Hypothesen aufgezeigt werden, gilt dies als Bestätigung der vermuteten Erfolgsfaktoren. Da bei konfirmatorischen Untersuchungen eine stärkere Fokussierung auf bereits vorab identifizierte Faktoren erfolgt, beziehen diese Untersuchungen meist weniger Variablen in die Untersuchung ein als explorative Studien. Zur Auswertung wird meist eine Kausalanalyse verwendet.

Konfirmatorische Untersuchungen sind noch verhältnismäßig selten anzutreffen (HAENECKE 2002, S. 177). Eine richtungsweisende Arbeit legt KUBE (1991) für Filialsysteme am Beispiel von Gaststätten als Vertriebssystem einer Brauerei vor. Er führt im Vorfeld der Untersuchung eine Metaanalyse bestehender Arbeiten zu ähnlichen Themen durch, die es ihm ermöglicht, detaillierte Hypothesen zu den Ursache-Wirkungszusammenhängen für Filialsysteme aufzustellen. Anschließend überprüft er diese vermuteten Beziehungen in einer Kausalanalyse.

2.3.2. Theoretische Bewertung unterschiedlicher Methoden

Die allgemein-wissenschaftstheoretische Bewertung der Methoden kann anhand von sechs Kriterien erfolgen (HAENECKE 2002, S. 170ff):

- **Aufdecken der Kausalstruktur:** Nach dem in den Sozialwissenschaften verwendeten Konzept der Kausalität kann eine empirische Arbeit Kausalzusammenhänge zwar nicht endgültig beweisen, wohl aber widerlegen. Dazu muss untersucht werden, ob ein statistischer Zusammenhang zwischen zwei Variablen besteht und theoretisch begründbar ist, der sich nicht durch Drittvariablen erklären lässt. Wird eine Beziehung bei mehrfacher Überprüfung nicht widerlegt, gilt sie als vorläufig angenommen (KUBE 1991, S. 46ff).

Die Bewertung statistischer Zusammenhänge ist jedoch nur im Rahmen von quantitativen Methoden zufriedenstellend gewährleistet. Um Drittvariablen aufzudecken, muss sogar auf quantitativ-konfirmatorische Untersuchungen zurückgegriffen werden. Nur hier erfolgt vorab eine hypothesenbasierte Unterscheidung von Basis- und Drittvariablen. Daher haben quantitativ-konfirmatorische Untersuchungen einen höheren Aussagewert als quantitativ-explorative Untersuchungen.

Grundsätzlich können zwar alle Methoden theoriegeleitet erfolgen, für qualitative Auswertungsverfahren erschweren die weitgehenden Interpretationsfreiheiten bei der Auswertung aber eine enge Orientierung am theoretischen Bezugsrahmen. Bei der direkten Ermittlung von Erfolgsfaktoren ist die Einflussnahme der Befragten aber am größten. Hier besteht daher ebenfalls das Risiko fehlender theoretischer Basierung.

- **Berücksichtigung aller Perspektiven:** Der Anspruch einer Erfolgsfaktorenstudie ist die umfassende Analyse von Erfolg innerhalb des ausgewählten Untersuchungsrahmens. Daher sollten alle relevanten Perspektiven (z.B. Kunden und sonstige Stakeholder) wenn möglich in die Untersuchung miteinbezogen werden. HAENECKE (2002, S.172f) sieht hier quantitative Methoden gegenüber qualitativen Methoden und der direkten Ermittlung von Erfolgsfaktoren im Vorteil.

  Tatsächlich ist hier aber weniger die Befragungs- und Analysemethodik ausschlaggebend, als vielmehr die Auswahl der Befragten. Wenn für eine direkte Ermittlung von Erfolgsfaktoren auch Kunden durch offene Interviews beteiligt werden, kann dadurch die Kundenperspektive ebenso gut einbezogen werden wie etwa durch die quantitative Erhebung von Zufriedenheitsmaßen. Da dieses Kriterium also nicht zwischen den Methoden an sich diskriminiert, sondern auf dem Design der Untersuchung basiert, wird es im Folgenden nicht weiter berücksichtigt.

- **Berücksichtigung quantitativer und qualitativer Erfolgsfaktoren:** Erfolgsfaktoren können sowohl harte Faktoren (oder quantitative Faktoren) als auch weiche Faktoren (oder qualitative Faktoren) sein. Unter quantitativen Faktoren versteht man direkt messbare Variablen. Auch qualitative Faktoren sind grundsätzlich messbar, erfordern jedoch einen größeren Aufwand bei der Operationalisierung. Eine umfassende Erfolgsfaktorenstudie sollte beide Faktoren einbeziehen.

Bei diesem Kriterium sind die quantitativen Methoden im Vorteil, denn eine detaillierte Auswertung der harten (quantitativen) Variablen erfordert unbedingt die Verwendung statistischer Werkzeuge, wie sie bei quantitativen Methoden zum Einsatz kommen. Weiche Faktoren lassen sich hingegen grundsätzlich sowohl durch eine qualitative Auswertung oder direkte Ermittlung als auch durch eine Modellierung im Rahmen quantitativer Methoden abbilden und erfassen. Qualitative Analyseverfahren haben bei weichen Faktoren allerdings den Vorteil, besser auf den Kontext eingehen zu können.

- **Überprüfung der zeitlichen Stabilität:** In einem dynamischen Umfeld müssen Erfolgsfaktoren auch über die Zeit gesehen nachvollziehbar sein. Eine geeignete Methode stellt daher die Replizierbarkeit sicher.

  Eine regelmäßige Überprüfung ist bei direkten Befragungen schwieriger möglich als bei der indirekten Analyse. Quantitative Analysen sind am leichtesten wiederholbar.

- **Objektivität:** Eines der Grundprinzipien der empirischen Forschung ist die Unabhängigkeit der Forschungsergebnisse von der Art der Durchführung und den durchführenden Personen.

  Bei quantitativen Methoden ist Objektivität aufgrund des eingeschränkten persönlichen Spielraums bei der Auswertung am ehesten zu erreichen. Qualitative Auswertungen sind genauso wie die Aggregation von direkten Expertenaussagen in hohem Maße von der auswertenden Person beeinflussbar und damit weniger objektiv.

- **Reliabilität:** Die Verlässlichkeit oder Reliabilität einer Forschungsmethode beschreibt, inwiefern bei wiederholter Ausführung die gleichen Ergebnisse erreicht werden. Die Reliabilität ist in hohem Grad durch die Art der Messung beeinflusst, hängt aber auch von der Auswertung ab.

  Es gilt analog zur Bewertung der Objektivität, dass quantitative Analyseverfahren aufgrund des hohen Maßes der Standardisierung eine höhere Reliabilität aufweisen als die übrigen Verfahren.

ABBILDUNG 2-3: WISSENSCHAFTSTHEORETISCHE BEWERTUNG DER METHODEN

● Kriterium erfüllt
◑ Teilweise erfüllt
○ Nicht erfüllt

	Bewertungskriterien					
Methode	Kausalstrukturen aufdeckend	Quantitativ und qualitativ	Zeitliche Stabilität	Objektivität	Reliabilität	GESAMT
Direkte Ermittlung	◑	◑	◑	◑	◑	◑
Qualitativ	◑	◕	◑	◑	◑	◑
Quantitativ-explorativ	◕	●	●	●	●	◕
Quantitativ-konfirmatorisch	●	●	●	●	●	●

Quelle: Modifiziert nach HAENECKE 2002, Abb. 3

Zusammenfassend ergibt sich eine klare Empfehlung für die Verwendung quantitativer Methoden (Abbildung 2-3). Mit quantitativen Methoden kann das breiteste Spektrum an quantitativen und qualitativen Daten abgefragt werden. Zusätzlich wird eine gute Wiederholbarkeit der Untersuchung gewährleistet. Schließlich sind quantitative Methoden hinsichtlich Objektivität und Reliabilität überlegen. Innerhalb der quantitativen Methoden sind konfirmatorische Ansätze wissenschaftstheoretisch betrachtet den explorativen Untersuchungen vorzuziehen. Eine methodisch saubere Bestätigung bzw. Widerlegung von Kausalstrukturen kann nur im Rahmen quantitativ-konfirmatorischer Untersuchungen erreicht werden. Quantitativ-explorative Untersuchungen sind dann zu verwenden, wenn die Formulierung von Hypothesen im Vorfeld noch nicht möglich ist.

Qualitative Ansätze und die direkte Ermittlung von Erfolgsfaktoren haben eindeutige Nachteile. Im direkten Vergleich dieser beiden Methoden haben qualitative Analysen Vorteile bei der Interpretation weicher Faktoren. Die direkte Ermittlung von Erfolgsfaktoren ist zwar methodisch am problematischsten, kann aber mit dem geringsten Aufwand durchgeführt werden.

Alle Bewertungen beziehen sich auf das Potential der Methoden bei ordnungsgemäßer Durchführung und dem vollen Ausschöpfen der Möglichkeiten der Methoden. Ist dies nicht gewährleistet, sind Abstriche in der Bewertung vorzunehmen. So ist die direkte Ermittlung von Erfolgsfaktoren ohne eine materielle Unterstützung durch strukturierende Befragungsmethoden insbesondere hinsichtlich der Überprüfung von Kausalstrukturen wesentlich schlechter zu beurteilen.

Vielfach sind Erfolgsfaktorenuntersuchungen aber mit schwerwiegenden Mängeln in Konzeption und Durchführung behaftet. Besonders problematisch sind die mangelnde Theoriebasierung der Untersuchungen sowie Mängel bei der Datenerhebung (KUBE 1991, S. 55ff):

Oft werden Hypothesen nicht explizit vor der Untersuchung formuliert, sondern nur implizit bei der Auswahl der untersuchten Variablen angewendet. Dabei stehen oft Plausibilitätsüberlegungen und auf Einzelfällen basierende Expertenmeinungen im Vordergrund. Als Ergebnis wird dann ein möglichst breiter Katalog von möglichen Erfolgsfaktoren aufgestellt und statistisch untersucht. Um einen hohen Erklärungsgehalt zu erreichen sollte jedoch versucht werden, die Anzahl der untersuchten Variablen soweit wie möglich zu reduzieren, um dann entweder konfirmatorisch Kausalhypothesen zu überprüfen oder explorativ relevante Zusammenhänge herauszufinden.

Durch eine unzureichende Datenerhebung aufgrund forschungsökonomischer Überlegungen sowie sonstiger Sachzwänge kann die Perspektive der Untersuchung unzulässig eingeschränkt werden. Verlässt sich eine Untersuchung beispielsweise ausschließlich auf bestehende Daten, so kann dies dazu führen, dass relevante Fragestellungen aufgrund der fehlenden Datenbasis nicht betrachtet werden können. Ein häufig kritisiertes Datenproblem tritt außerdem bei der Untersuchung von Finanzdaten auf: Durch Bilanzpolitik und unterschiedliche Rechnungssysteme ist hier eine starke Verzerrung der Ergebnisse möglich.

Um dieser Kritik zu begegnen, beschreibt HAENECKE (2002, S. 174) zusammenfassend einen Katalog von Anforderungen speziell für die Durchführung von quantitativen Untersuchungen. Die wesentlichen Forderungen sind aber auch für das Erreichen einer hohen Ergebnisqualität bei Verwendung anderer Methoden gültig:

- Nutzung vorhandener Ergebnisse und Theorien sowie Leitung durch einen theoretischen Bezugsrahmen
- Keine Einschränkung der Perspektive durch Beschränkung auf bereits vorliegende Daten oder ausschließliche Befragung von Mitarbeitern
- Trennung von theoretischer Sprache und Beobachtungssprache durch die Operationalisierung von hypothetischen Konstrukten über Indikatorvariablen
- Wiederholte Überprüfung der Erfolgsfaktoren und der Kausalstruktur
- Verzicht auf das monopersonale Erhebungskonzept durch mehrere Interviewpartner pro Untersuchungseinheit

2.3.3. Anwendungsorientierte Bewertung unterschiedlicher Methoden

Die rein wissenschaftstheoretisch gesehen wertvollste Methode zur Analyse von Erfolgsfaktoren ist ein quantitativ-konfirmatorisches, d.h. hypothesentestendes Vorgehen. Dass diese Methode bisher aber nur selten zum Einsatz kommt, ist sicherlich in erster Linie auf die hohen Voraussetzungen an die Durchführung zurückzuführen (HAENECKE 2002, S. 175ff). Um die Anwendbarkeit der Methoden im konkreten Fall zu überprüfen, ist daher zusätzlich eine anwendungsorientierte Bewertung einzubeziehen. Dabei werden die Besonderheiten des konkreten Untersuchungsfelds berücksichtigt. Hierbei sind vor allem zwei Kriterien zu beachten: Voraussetzungen bezüglich des Entwicklungsstands der Theorie und Anforderungen an die Datenerhebung.

- **Entwicklungsstand der Theorie**: Um Hypothesen zu testen, müssen sie bereits im Vorfeld formuliert sein und in die Planung der Erhebung und die Gestaltung von Fragebögen eingehen. Quantitativ-konfirmatorische Untersuchungen sind also nur da möglich, wo bestehende Theorien und Konzepte ausreichend präzise in konkret zu testende Hypothesen umgesetzt werden können. Da andererseits die meisten jüngeren Erfolgsfaktorenuntersuchungen in relativ neuen oder sehr speziellen Gebieten aufsetzen, ist diese Voraussetzung oft noch nicht erfüllt.

  Wenn das existierende Theoriegebäude noch weniger stark ausformuliert ist, eignen sich quantitativ-explorative Untersuchungen besser. Für die Erforschung weicher Faktoren können dann auch qualitative Methoden in Erwägung gezogen werden. Die direkte Ermittlung von Erfolgsfaktoren stellt die geringsten Anforderungen an bestehende Theorien und ist daher für sehr frühe Forschungsstadien sinnvoll. Sie kann innerhalb einer Untersuchung zur Hypothesengenerierung benutzt werden, auf der dann hypothesentestende Verfahren ansetzen.

- **Anforderungen an die Datenerhebung**: Auch bezüglich dieses Kriteriums sind die Anforderungen für die Durchführung quantitativer Methoden am schwersten zu erfüllen. Die Angaben bezüglich der Mindestgrößen von Stichproben schwanken stark, aber bei Rücklaufquoten, die in der Regel höchstens bei 20-30% liegen, und zum Teil kleinen Grundgesamtheiten sind quantitative Methoden oft nicht durchführbar. Andererseits sind für Methoden wie die Kausalanalyse Stichprobengrößen von 200 und mehr empfehlenswert (BACKHAUS et al. 2000, S. 493). Zu kleine Stichproben führen dazu, dass Zusammenhänge zwischen einzelnen Variablen als nicht signifikant eingestuft werden, die sich bei größeren Stichproben evtl. bestätigt hätten.

Qualitative Analysen und die direkte Ermittlung von Erfolgsfaktoren sind auch mit kleineren Stichproben möglich. Allerdings ist hier ebenfalls zu hinterfragen, inwiefern die Ergebnisse von wenigen Einzelfällen extern valide sind. Wenn die Datenbasis nicht ausreicht, um statistisch gesicherte Aussagen zu treffen, ist es auch unzulässig, die Ergebnisse auf der Basis anderer Auswertungsmethoden zu verallgemeinern.

2.4. Anwendung der Erfolgsfaktorenforschung in der vorliegenden Arbeit

Aufbauend auf den vorangegangenen Abschnitten kann nun eine zusammenfassende Einordnung der vorliegenden Arbeit in Bezug auf Gegenstandsbereich und Methode erfolgen.

Der **Gegenstandsbereich** der vorliegenden Arbeit entspricht einer partiellen Erfolgsfaktorenanalyse. Bezüglich der Branche erfolgt eine Fokussierung auf die Konsumgüterindustrie in ausgewählten Kategorien (schnelldrehende Artikel wie Wasch-/Putz-/Reinigungsmittel, Kosmetik und haltbare Lebensmittel) in Deutschland. Ebenfalls in die Untersuchung mit einbezogen ist die Schnittstelle zum Handel. Innerhalb der betrachteten Branche wird ausschließlich der Themenbereich des Supply Chain Management untersucht.

Die in der Untersuchung verwendete **Methode** entspricht einem quantitativen Vorgehen. Dies ist aus allgemein-wissenschaftstheoretischen Überlegungen gegenüber anderen Forschungsmethoden vorzuziehen. Die anwendungsorientierte Bewertung der Methoden anhand des Entwicklungsstands der Theorie und der Anforderungen an die Datenerhebung unterstützt diese Auswahl.

- **Entwicklungsstand der Theorie:** Im Supply Chain Management sind eine Vielzahl von Konzepten in den Einzelgebieten schon relativ weit entwickelt. Auf dieser Basis können Hypothesen zu Erfolgsfaktoren aufgestellt und für eine empirische Untersuchung operationalisiert werden. Damit ist eine grundsätzliche Voraussetzung für ein quantitativ-konfirmatorisches Vorgehen gegeben. Da das SCM aber insgesamt noch ein relativ junges Forschungsgebiet ist, ist die Theoriebildung im Sinne der Erstellung eines theoretischen Gesamtgebäudes noch nicht weit fortgeschritten. Im SCM herrschen vielmehr praxisorientierte Konzepte und Plausibilitätsüberlegungen vor. Dies spricht dafür, bei der Untersuchung von Erfolgsfaktoren eher einen quantitativ-explorativen Forschungsansatz zu verfolgen.

In der vorliegenden Untersuchung werden daher zunächst Hypothesen zu Erfolgsfaktoren auf Basis der bestehenden SCM-Forschung abgeleitet und getestet. Aufbauend auf den Untersuchungsergebnissen werden die Ausgangshypothesen teilweise modifiziert und an die neuen Erkenntnisse angepasst. Die so veränderten Hypothesen können als Ausgangspunkt für weitere Untersuchungen dienen und stellen somit einen Beitrag zur Entwicklung einer integrativen Theorie im SCM dar. Die Erkenntnisse aus der quantitativen Untersuchung werden zudem durch qualitative Erkenntnisse aus den Interviews ergänzt. Dieses Vorgehen mit der parallelen Verwendung mehrer Forschungsansätze entspricht dem anerkannten Methoden- und Instrumenten-Mix (WOHLGEMUTH 1989).

- **Anforderungen an die Datenerhebung:** Die Grundgesamtheit innerhalb der ausgewählten Kategorien der deutschen Konsumgüterindustrie beträgt ca. 100 Hersteller mit einer Mindestgröße von 100 Mio. Euro Jahresumsatz. Bei einer erwarteten Rücklaufquote von 30% bis 50% stehen dann Daten für 30 bis 50 Hersteller zur Verfügung. Damit ist ein quantitatives Vorgehen möglich.

  In der vorliegenden Arbeit werden zusätzlich Interviews mit Händlern geführt, um so Hintergrundinformationen von der Gegenseite der Supply Chain zu erhalten. Dabei erfolgt auch eine Bewertung der Hersteller aus der externen Kundenperspektive der Händler. Eine quantitative Erfolgsfaktorenstudie für die Händler wäre jedoch nicht möglich. Für den Einzelhandel kommen in den betrachteten Produktkategorien nur ca. 30 Händler mit mindestens 500 Mio. Euro Jahresumsatz für eine Erhebung in Frage. Die erwartete Beteiligung von 10 bis 15 Händlern reicht nicht aus, um statistische Methoden anwenden zu können.

Der erwartete Stichprobenumfang von ca. 30 bis 50 Herstellern muss bei der Auswahl der konkreten statistischen Analyseverfahren berücksichtigt werden (HAENECKE 2002, S. 175f). Mit dem Stichprobenumfang können multiple Regressionsanalysen, Clusteranalysen sowie statistische Tests von Variablenunterschieden über Gruppen hinweg durchgeführt werden. Komplexere Verfahren, wie die Kausalanalyse oder eine konfirmatorische Faktorenanalyse, sind bei dem beschriebenen Stichprobenumfang nicht durchführbar. Die zur Verfügung stehenden Verfahren reichen jedoch aus, um die Hypothesen zu den Erfolgsfaktoren in einem quantitativen Vorgehen zu überprüfen.

Im Folgenden werden zunächst die Erfolgsindikatoren (Abschnitt 3) sowie die Hypothesen zu den Erfolgsfaktoren (Abschnitt 4) näher beschrieben. Es folgt die empirische Untersuchung der Hypothesen mit quantitativen statistischen Methoden (Abschnitt 5) sowie die Ableitung von Handlungsempfehlungen unter Einbeziehung der qualitativen Ergebnisse (Abschnitt 6).

3. Erfassung und Vergleich von Supply-Chain-Erfolg

3.1. Definition von Supply-Chain-Erfolg

Die Bewertung von Leistung kann generell vor dem Hintergrund der angestrebten Ziele anhand der relevanten Zieldimensionen erfolgen (KALKA 1996, S. 25ff). Für das SCM lässt sich das Zielbündel aus der Definition des SCM-Konzepts ableiten. Supply Chain Management wurde in Abschnitt 1 beschrieben als alle Aktivitäten zur Gestaltung und zum operativen Betrieb der Waren-, Finanz- und Informationsflüsse in beiden Richtungen von der Gewinnung von Rohstoffen bis hin zum Endverbraucher (SIMCHI-LEVI et al. 2000 S. 1, HANDFIELD/NICHOLS 1999, S. 2). Ziel des SCM ist die Erfüllung der Konsumentenbedürfnisse bei gleichzeitiger Minimierung des Gesamtaufwandes in der Lieferkette (COOPER et al. 1997 S. 3, BECHTEL/JAYARAM 1996, SEURING 2001, S. 20). Daraus ergeben sich zwei Zieldimensionen:

- Input: Der Ressourcenaufwand in der Supply Chain.
- Output: Die Befriedigung der Kundenbedürfnisse durch die bedürfnisgerechte und flexible Bereitstellung von Produkten und Serviceleistungen.

Die Beschreibung von Supply Chains und der Leistung von Supply Chains wird allerdings dadurch komplex, dass Supply Chains aus mehreren Funktionen und Teilprozessen bestehen, die sich über verschiedene Unternehmen hinweg erstrecken (COOPER et al. 1997; VAN HOEK 1998. S. 188f). Dabei sind zahlreiche funktionsübergreifende Trade-off-Beziehungen zu berücksichtigen, die durch die Leistungsmessung berücksichtigt werden müssen, wie beispielsweise:

- Rüstkosten-Bestandskosten-Trade-off: Je öfter in der Produktion auf verschiedene Produktvarianten umgestellt wird, desto stärker kann der Bestand reduziert werden aber desto höher sind auch die Rüstkosten und der Kapazitätsbedarf in der Produktion.
- Transportkosten-Lagerkosten-Trade-off: Eine Reduktion der Transportkosten durch die Bündelung von Transporten ist durch höhere Lagerhaltung zu erreichen.

- Bestand-Service-Trade-off: Eine Erhöhung des Servicelevels kann durch höhere (Sicherheits-)Bestände erreicht werden.

Die Supply-Chain-Leistung kann sich auf einzelne Funktionen, einzelne Unternehmen oder auf Lieferketten aus mehreren Unternehmen beziehen. Das im folgenden entwickelte Konzept bezieht die Messung der Supply-Chain-Leistung auf ein einzelnes Unternehmen und berücksichtigt dabei die Prozesse von der Produktion bis hin zur Auslieferung. Diese Eingrenzung wird gewählt, um so mit vertretbarem Aufwand eine große Anzahl von Unternehmen in die Untersuchung einbeziehen zu können.

3.2. Erfassung von Supply-Chain-Erfolg

3.2.1. Supply-Chain-Erfolg im SCOR-Modell

Zur Operationalisierung von Supply-Chain-Leistung müssen Kennzahlen in den relevanten Prozessen definiert und bestimmt werden. Hierbei kann auf den Supply Chain Operations Reference (SCOR) - Ansatz zurückgegriffen werden, in dem die Supply-Chain-Prozesse auf verschiedenen Aggregationsebenen mit einer Reihe von Kennzahlen hinterlegt werden.

Basis des SCOR-Modells ist eine standardisierte Beschreibung von Supply-Chain-Prozessen, die Vertreter aus Industrie und Handel im Rahmen des Supply Chain Councils erarbeitet haben. Der Anspruch des Ansatzes ist es, jede Supply Chain durch die Kernprozesse "Source" (Beschaffung), "Make" (Produktion), "Deliver" (Distribution und Auftragsverarbeitung) und durch die Planungsprozesse "Plan" darstellen zu können (Abbildung 3-1; SUPPLY CHAIN COUNCIL 2002). Die vier Hauptprozesse werden durch den Hilfsprozess "Enable" ergänzt.

ABBILDUNG 3-1: MODELLIERUNG DER SUPPLY CHAIN IM SCOR-MODELL: DIE SUPPLY CHAIN ALS EINE KETTE AUS DEN PROZESSEN SOURCE, MAKE UND DELIVER SOWIE PLANUNGSAKTIVITÄTEN

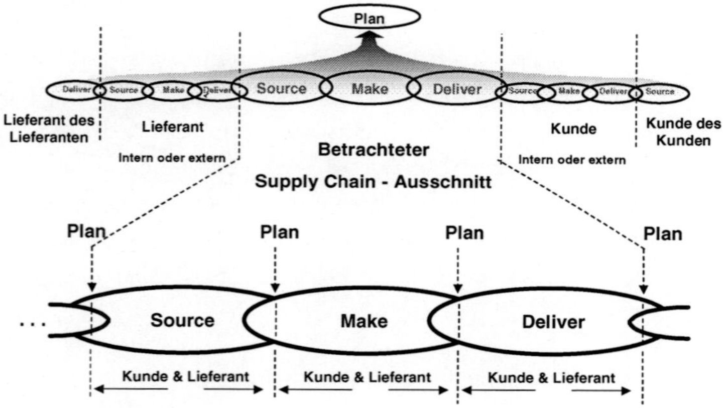

Quelle: SUPPLY CHAIN COUNCIL 2002

Tabelle 3-1: Definitionen der SCOR-Prozesstypen (Version 3.1)

SCOR-Prozesstyp	Definition
Plan	Prozesse der Analyse von Nachfrage und Angebot zur Ableitung von Handlungen, die den Geschäftsregeln entsprechen.
Source	Prozesse der Beschaffung von Gütern und Dienstleistungen, um die Nachfrage befriedigen zu können.
Make	Prozesse, die Güter in einen fertigen Zustand überführen, um Nachfrage befriedigen zu können.
Deliver	Prozesse, die Güter bereitstellen um Nachfrage befriedigen zu können. In der Regel inklusive der Abwicklung von Aufträgen, Transporten und Distribution.

Quelle: SUPPLY CHAIN COUNCIL 2002

Auf der Basis dieser Prozesstypen bildet das SCOR-Modell die Supply-Chain-Prozesse in vier Hierarchieebenen ab (Abbildung 3-2). Die obersten drei Ebenen sind allgemeingültig und von der konkreten Ausgestaltung in den jeweiligen Unternehmen unabhängig, während die vierte Ebene unternehmensspezifisch detailliert werden kann. Auf den ersten drei Ebenen bestehen, abgestimmt auf die standardisierten Prozessdefinitionen, eine Reihe von Kennzahlen, die den Erfolg oder die Leistung der Supply Chain messen. Als Basis für die Ableitung eines Kennzahlensystems zur Messung des Supply-Chain-Erfolgs werden im weiteren die Kennzahlen der obersten Ebene des SCOR-Modells verwendet. Die englische Originalversion der Kennzahlen und die Definitionen sind im Anhang B wiedergegeben, im folgenden wird die deutsche Übersetzung des Autors verwendet.

ABBILDUNG 3-2: PROZESSHIERARCHIE IM SCOR-MODELL

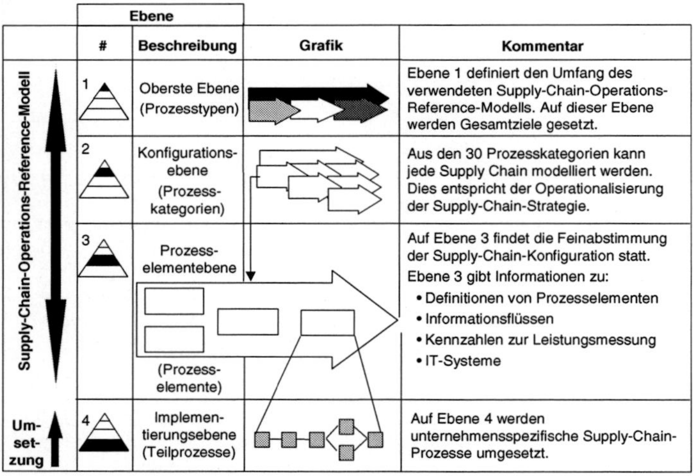

Quelle: SUPPLY CHAIN COUNCIL 2002

3.2.2. Ableitung eines Kennzahlensystems

Auf der obersten Ebene des SCOR-Modells stehen 13 Kennzahlen zur Erfolgsmessung in der Supply Chain zur Verfügung. Bei der Ableitung eines Kennzahlensystems für eine Benchmarkingstudie ist zu beachten, dass die Datenerfassung im Rahmen von zeitlich begrenzten Interviews erfolgt. Daher wird die Anzahl der Kennzahlen aus dem SCOR-Modell reduziert (GUNASEKARAN et al. 2001). Die Auswahl der verwendeten Kennzahlen erfolgt anhand der zwei Kriterien Relevanz und Messbarkeit:

- **Relevanz:** Sind die Kennzahlen inhaltlich relevant?

  Da nur wenige Daten im Rahmen der Interviews erhoben werden können, müssen die verwendeten Zahlen möglichst aussagekräftig sein und wirkungsvoll zwischen guten und schlechten Supply Chains diskriminieren. CAPLICE/SHEFFI (1994) beschreiben diese Anforderung durch die Kriterien Validität, Nützlichkeit, Detailgrad und Inzentivierung.

- **Messbarkeit:** Können die Kennzahlen im Rahmen von Interviews erhoben werden?

  Die Kennzahlen müssen für die Interviewpartner leicht verständlich sein und sollten sich im Rahmen der üblicherweise verwendeten Kennzahlen bewegen. Zu sensible Kennzahlen sollten nicht abgefragt werden, da ansonsten eine geringe Antwortbereitschaft der Interviewten zu erwarten ist. Diese Anforderung beschreiben CAPLICE/SHEFFI (1994) durch die Kriterien Wirtschaftlichkeit und Kompatibilität.

Durch die Anwendung der Auswahlkriterien (Tabelle 3-2) wird ein auf sieben Größen reduziertes Kennzahlensystem abgeleitet (Abbildung 3-3). Die detaillierte Begründung für die Auswahl der Kennzahlen ist in Anhang C wiedergegeben.

Tabelle 3-2: Ableitung des Kennzahlensystems aus den SCOR-Kennzahlen

Kennzahl	**Relevanz ?**	**Messbar-keit?**	**Verwendung?**
Pünktliche Lieferungen	bedingt	bedingt	nein
Fill Rate (Auslieferung innerhalb 24h)	nein	bedingt	nein
Perfekt erfüllte Aufträge (Menge, Zeit, Qualität)	ja	bedingt	ja, veränderte Kennzahl[1]
Durchschnittliche Lieferzeit (Auftragseingang bis Auslieferung)	ja	ja	ja
Supply-Chain-Response-Zeit (Reaktionszeit von Nullbestand bis erster Auslieferung)	ja	nein	nein
Flexibilität der Produktion (Vorlaufzeit für Kapazitätserhöhung um 20%)	bedingt	bedingt	nein
Herstellkosten (Absolute Prozesskosten und Materialkosten)	bedingt	bedingt	ja, veränderte Kennzahl[2]
Gesamtkosten SCM (Logistikkosten inkl. Planung, Abwicklung und Verwaltung)	ja	bedingt	ja, veränderte Kennzahl[3]
Mehrwertproduktivität (Mehrwert je Angestellter)	nein	nein	nein
Garantiekosten	nein	nein	nein
Cash-to-Cash-Zykluszeit	ja	nein	nein
Bestandsreichweite (Gesamtbestand Rohstoffe, Halbfabrikate, Fertigwaren)	ja	bedingt	ja, veränderte Kennzahl[4]
Umschlaghäufigkeit Anlagevermögen	bedingt	nein	nein
Partnerzufriedenheit* (subjektive Beurteilung durch Händler)	ja	ja	ja
Lieferflexibilität bei Sonderanforderungen* (subjektive Selbsteinschätzung)	ja	ja	ja

Quelle: SUPPLY CHAIN COUNCIL 2002 (englische Originalversion in Anhang B)

* Zusätzlich aufgenommene Kennzahl, nicht im SCOR-Modell enthalten

[1] Veränderung: hier bezogen auf Auftragspositionen

[2] Veränderung: hier subjektive Selbsteinschätzung

[3] Veränderung: hier nur Kosten für Transport und Lager

[4] Veränderung: hier nur Fertigwarenbestand

Die sieben Kennzahlen lassen sich in vier Output-Kennzahlen und drei Input-Kennzahlen einteilen. Die Einteilung der Kennzahlen in eine Input- und Outputdimension ist primär durch die Anwendung der Data Envelopment Analysis (DEA) im folgenden Abschnitt begründet. Die DEA aggregiert die einzelnen Kennzahlen indem sie aus dem Verhältnis zwischen Output- und Inputgrößen einen Effizienzwert ableitet.

ABBILDUNG 3-3: KENNZAHLENSYSTEM ZUR UNTERNEHMENS-VERGLEICHENDEN MESSUNG VON SUPPLY-CHAIN-LEISTUNG

	Kennzahl	Definition	Messung
Outputleistung	Servicelevel	Anteil der nach Menge, Zeit und Qualität perfekt erfüllten Auftragspositionen an den gesamten Auftragspositionen	Prozent
	Lieferzeit	Durchschnittliche Lieferzeit von Auftragseingang bis Auslieferung	Tage
	Lieferflexibilität	Flexibilität der Erfüllung von Display-/ Produktsonderwünsche der Kunden	Skala 1-6*
	Partnerzufriedenheit	Subjektive Zufriedenheit von 18 befragten Handelsunternehmen mit der Kompetenz und der partnerschaftlichen Zusammenarbeit mit den Herstellern	Skala 0 - 100**
Inputleistung	Logistikkosten	Anteil der Kosten für Distributionslager und Transporte am Umsatz (ohne Bestandskosten)	Prozent
	Bestandsreichweite	Durchschnittliche Reichweite des Fertigwarenbestands	Tage
	Produktionskosten	Subjektive Selbsteinschätzung	Skala 1-6***

* 1 = Display-/Produktsonderwünsche werden nicht flexibel erfüllt/ 6 = ... werden voll flexibel erfüllt

** 0 = Wenig kompetent und wenig partnerschaftlich/ 100 = Sehr kompetent und sehr partnerschaftlich

*** 1 = Produktionskosten konnten sehr stark reduziert werden / 6 = Produktionskosten konnten gar nicht reduziert werden

Quelle: Eigene Darstellung

Die Outputleistung bezieht sich auf die Befriedigung der Kundenbedürfnisse. Dies wird zum einen anhand objektiver Kriterien hinsichtlich des Servicelevels und der Lieferzeit gemessen. Diese beiden Kennzahlen sind gut quantitativ zu erfassen und sind daher oft Bestandteil von Supply-Chain-Benchmarking. Die zwei Outputdimensionen Lieferflexibilität und Partnerzufriedenheit werden in der Regel nicht erfasst, decken aber zwei wesentliche Elemente der Supply-Chain-Leistung ab. Die Lieferflexibilität ist für die Händler wichtig, um sich gegenüber den Wettbewerbern zu profilieren. Das Entgegenkommen der Industrie ist allerdings nur schwer zu erfassen, und wird daher in der Befragung über eine subjektive Selbsteinschätzung abgedeckt. Die Partnerzufriedenheit beschreibt, inwiefern es den Herstellern gelingt, für den Händler sichtbare Leistungen zu erbringen. Durch die Befragung von Handelsunternehmen fließt in der vorliegenden Untersuchung die Meinung einer breiten Handelsbasis in die Bewertung ein.

Die Inputleistung umfasst Kennzahlen, die Ressourcenverbräuche in der Supply Chain abbilden. Auch bei den Inputdimensionen werden zwei konventionelle Kennzahlen (Logistikkosten, Bestandsreichweite) ergänzt um die selten verwendete, aber aus Gesamtprozesssicht wichtige, Kennzahl Produktionskosten. Wie schon bei der Lieferflexibilität wird hier eine subjektive Selbsteinschätzung zugrundegelegt. Dadurch besteht zwar grundsätzlich die Gefahr einer falschen Selbsteinschätzung. Dies ist jedoch gegenüber dem Verzicht der Erfassung der Produktionskosten vorzuziehen, da die Produktionskosten den mit Abstand größten Kostenblock der Supply Chain bilden.

3.2.3. Bewertung des Kennzahlensystems

Bevor das oben entwickelte Kennzahlensystem in der folgenden Untersuchung verwendet wird, wird anhand von Gütekriterien überprüft, ob eine Erfassung des Supply-Chain-Erfolgs umfassend gewährleistet wird. In bestehenden Arbeiten zur Leistungsmessung in der Supply Chain liegen hierzu unterschiedliche Gütekriterien vor (BEAMON 1999, CAPLICE/SHEFFI 1995, HIEBER 2002; siehe Anhang D). Die Inhalte der Kriterien sind größtenteils deckungsgleich, so dass die vier bis sieben Kriterien der einzelnen Untersuchungen zu fünf Gütekriterien verdichtet werden können: Horizontaler Fit, Vertikaler Fit, Zielkongruenz, Netzwerkfähigkeit und Handhabbarkeit. Im folgenden werden die Anforderungen anhand der fünf Gütekriterien beschrieben und jeweils zur Bewertung des oben entwickelten Kennzahlensystems angewendet.

? **Horizontaler Fit:** Die Kennzahlen müssen die Supply-Chain-Prozesse möglichst komplett abdecken. Dies bedeutet auch, dass sich die Zahlen wo möglich an Prozessen orientieren und funktionale Grenzen überwinden.

➢ Bewertung Horizontaler Fit: Bis auf die Kostenkennzahlen (Logistik- und Produktionskosten) sind alle Kennzahlen funktionsübergreifend und prozessorientiert und decken dabei die wesentlichen Supply-Chain-Prozesse ab.

? **Vertikaler Fit:** Die Kennzahlen sollen alle Ebenen des Unternehmens abdecken. Dabei ist eine Überführbarkeit zwischen den einzelnen Ebenen zu gewährleisten, z.B. die Desaggregation von Zahlen der Geschäftsleitung auf verschiedene Bereiche und einzelne Mitarbeiter. Dadurch werden auch Trade-off-Entscheidungen im Kennzahlensystem sichtbar. Hierzu ist ebenfalls die Überführbarkeit und Bewertung von finanziellen- und nicht-finanziellen Zahlen notwendig.

➢ Bewertung Vertikaler Fit: Die Einbeziehungen von desaggregierten Kennzahlen kann im Rahmen einer groß angelegten empirischen Untersuchung nicht durchgeführt werden und wird daher ausgeschlossen. Die Bewertung von finanziellen und nicht-finanziellen Zahlen wird durch die Aggregation mit der DEA gewährleistet, einem nicht-parametrischen Verfahren der mathematischen Programmierung, das auf der Basis von Input- und Outputwerten einen aggregierten Effizienzwert bestimmt.

? **Zielkongruenz:** Bei der Gestaltung eines Kennzahlensystems für ein bestimmtes Unternehmen sollen die spezifischen Supply-Chain-Ziele betont werden. Wird ein Kennzahlensystem unabhängig von einem bestimmten Einsatzzusammenhang aufgestellt, sollen allgemeine SC-Ziele abgebildet werden.

➢ Bewertung Zielkongruenz: Die Kennzahlen orientieren sich alle an den Gesamtzielen der Supply Chain: Erfüllung der Kundenbedürfnisse (Output) mit möglichst geringem Ressourceneinsatz (Input).

? **Netzwerkfähigkeit:** Die Kennzahlen sollen sich nicht nur auf ein isoliertes, einzelnes Unternehmen beziehen, sondern die Möglichkeit bieten, auch Beziehungen zu SC-Partnern mit in das Messsystem einzubeziehen.

➢ Bewertung Netzwerkfähigkeit: Eine empirische Untersuchung mit einer großen Anzahl von Teilnehmern lässt sich nur in Einzelunternehmen durchführen. Durch die Kennzahl zur subjektiven Partnerzufriedenheit wird aber dennoch ein unternehmensübergreifend erhobenes Urteil bei der Bestimmung der Leistung mit erfasst. Dazu werden Handelsunternehmen in separaten Interviews zu Ihrer Zufriedenheit mit den Konsumgüterherstellern befragt.

? **Handhabbarkeit:** Die beschriebenen Kennzahlen müssen mit vertretbarem Aufwand zu erheben sein. Dies erfordert die Fokussierung auf eine beschränkte Anzahl von Kennzahlen. Schließlich müssen die Zahlen leicht verständlich sein, und können so schnell den Ausgangspunkt für weitere Analysen bilden.

➢ Bewertung Handhabbarkeit: Die Abfrage der ausgewählten Kennzahlen im Rahmen der vorgesehenen Interviews erscheint vertretbar. Es handelt sich überwiegend um Zahlen, die von den meisten Unternehmen regelmäßig erhoben werden, und somit in den Interviews schnell verfügbar sind (z.B. Kosten, Bestand, Servicelevel). Einige Zahlen sind zwar nicht vorhanden, können aber durch die Interviewpartner leicht abgeschätzt werden (z.B. Lieferflexibilität).

Die sieben Kennzahlen sind demnach gut zur Erfassung des Supply-Chain-Erfolgs geeignet. Sie sind umfassend und decken die Supply-Chain-Leistung gut ab.

3.3. Vergleich von Supply-Chain-Erfolg mit der Data Envelopment Analysis (DEA)

3.3.1. Einordnung der DEA

Bisher wurden verschiedene Kennzahlen eingeführt, die jeweils Aussagen zu Teilaspekten der Supply-Chain-Effizienz beschreiben. Für die weitere Analyse und die Durchführung eines Benchmarkings ist es jedoch erstrebenswert, eine stärker aggregierte Aussage über die Gesamteffizienz der betrachteten Supply Chains zu treffen. Ist Unternehmen A mit 50% höherem Bestand, aber 1% höherem Servicegrad als Unternehmen B besser oder schlechter als Unternehmen B? Oder allgemeiner formuliert, mit welchen Ausprägungen auf den verschiedenen Input- und Outputgrößen der Supply Chain kann ein Unternehmen als effizient bezeichnet werden? Um diese Aussage zu treffen, können unterschiedliche Methoden der Effizienzbewertung genutzt werden (Abbildung 3-4). Hierzu muss zunächst unterschieden werden, ob die Effizienzbewertung anhand einer oder auf der Basis mehrerer Dimensionen erfolgen soll.

Am einfachsten ist die Effizienzbewertung dann, wenn nur ein einziges Effizienzkriterium verwendet wird. Wird die Produktivität der Supply Chain etwa durch den Anteil der Logistikkosten am Umsatz beschrieben, so kann eindeutig ermittelt werden, welches Unternehmen einen geringeren Logistikkostenanteil als die anderen aufweist, und somit im Vergleich zu den anderen effizient ist. Vergleicht man die nicht-effizienten Unternehmen mit dem effizienten Unternehmen, so lassen sich durch den Vergleich der Kennzahlen untereinander auch relative Effizienzmaße bestimmen und eine Rangreihenfolge ableiten (COOPER et al. 2000, S. 2ff).

Wie kann jedoch die Leistung verglichen werden, wenn multiple Input- und Outputgrößen bewertet werden sollen? Wenn keine eindeutigen Dominanzbeziehungen vorliegen, müssen für einen Effizienzvergleich die einzelnen Input- und Outputgrößen vergleichbar gemacht, das heißt gewichtet und aggregiert werden. Hierzu können zwei verschiedene Verfahren zum Einsatz kommen, parametrische und nicht-parametrische Verfahren. Parametrische Verfahren treffen vorab Annahmen über die Beziehungen zwischen den einzelnen Größen. In nicht-parametrischen Verfahren wird die Gewichtung durch das Modell selbst ermittelt (LOVELL 1993, S. 18ff).

ABBILDUNG 3-4: ÜBERSICHT DER METHODEN ZUR EFFIZIENZBEWERTUNG

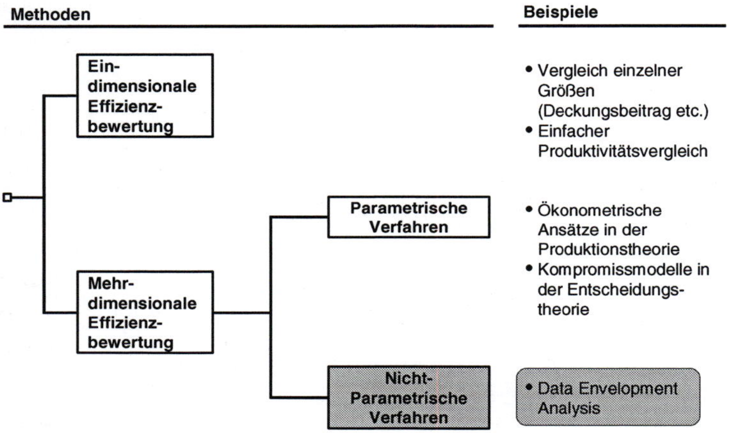

Quelle: Eigene Darstellung

Parametrische Verfahren in der Produktionstheorie sind z.B. ökonometrische Verfahren. Bei diesen Verfahren wird mittels statistischer Methoden aufgrund beobachteter tatsächlicher Produktionsergebnisse eine Schlussfolgerung über Eigenschaften von effizienten Produktionen aufgestellt. Zusammenhänge zwischen den einzelnen Produktionsfaktoren können dann in einer Produktionsfunktion beschrieben werden und ermöglichen dadurch die Bewertung der Faktoren auch für weitere, neue Produktionen (LOVELL 1993, S. 19ff).

Ein weiteres Einsatzgebiet von parametrischen Verfahren ist die Entscheidungstheorie. Hier müssen anstelle einer ex-post Beurteilung von Unternehmen verschiedene Alternativen hinsichtlich der Zielerfüllung von Entscheidern beurteilt werden. Dazu müssen mehrere Kriterien oder Ziele berücksichtigt, und in einer Gesamtbewertung abgebildet werden. Die Entscheidungstheorie hat hierzu

Methoden entwickelt, um Präferenzen der Entscheider entweder explizit (Multiattribute Utility Theory) oder implizit (Multiobjective Decision Making) in die Bewertung der Alternativen einzubeziehen und so zu eindeutigen Ergebnissen zu gelangen. Auch die dort beschriebenen sogenannten Kompromisslösungen wählen also ein parametrisches Vorgehen: Durch die Vorgabe von Präferenzen oder anderen Parametern gelingt die Aggregation der verschiedenen Dimensionen zu einem einzigen reellen Wert (KLEINE 2002, S. 43ff).

Nicht in allen Situationen können jedoch die Zusammenhänge zwischen den einzelnen Faktoren eindeutig vorab beschrieben werden. Im Supply-Chain-Kontext etwa ist die Schätzung von Zusammenhängen zwischen Bestand, Kosten, Servicelevel, Partnerzufriedenheit und den weiteren betrachteten Kennzahlen nicht exakt möglich. Grund hierfür ist insbesondere die Schwierigkeit bei der Bewertung nicht-monetärer Größen wie des Servicelevels. Kommt es aufgrund eines schlechten Servicelevels zu Fehlmengen, kann dies zu entgangenem Umsatz und damit zu einem Verlust an Deckungsbeitrag führen. Nicht jede unvollständige Lieferung des Herstellers an den Handel muss aber gleich eine Bestandslücke im Regal eines Supermarkts bedeuten, da der Händler ebenfalls Bestand führt. Und selbst wenn ein Regalplatz im Handel leer bleibt, gibt es treue Kunden, die den Einkauf in das nächste Geschäft verlegen und damit keinen Deckungsbeitragsverlust für den Hersteller bewirken. Eine monetäre Bewertung des Servicelevels ist daher schwierig.

Um komplexe Bewertungsprobleme wie im Beispiel des Servicelevels zu vermeiden, können nicht-parametrische Verfahren eingesetzt werden, die die verschiedenen Faktoren modellendogen gewichten und aggregieren. Die DEA ist eine Methodik, die eine solche Aggregation der einzelnen Größen zu je einem virtuellem Input bzw. Output durchführt, und dann die Effizienz bewertet.

Dazu wird in der DEA der Gesamtoutput (bzw. -input) als gewichtete Summe sämtlicher Outputs (bzw. Inputs) dargestellt. Die Gewichte werden für jede Entscheidungseinheit mittels mathematischer Programmierung optimal bestimmt derart, dass der Effizienzwert (= Gesamtoutput/Gesamtinput) maximal wird. Dabei muss die Nebenbedingung eingehalten werden, dass die Effizienzwerte mit diesen Gewichten für alle übrigen Entscheidungseinheiten ≤ 1 ist. Auf Basis der effizienten Entscheidungseinheiten wird dabei eine Effizienzgrenze formuliert, an der die nicht-effizienten Entscheidungseinheiten gemessen werden. Je weiter die einzelnen Entscheidungseinheiten von der Effizienzgrenze entfernt sind, desto schlechter ist der Ihnen zugeordnete Effizienzwert.

3.3.2. Einführung in die Methodik des DEA-Basismodells

Charnes, Cooper und Rhodes (CCR) haben das Basismodell der DEA entwickelt (CHARNES et al. 1978). In ihrem Modell werden die Outputgrößen einer Entscheidungseinheit o, $y_o = (y_{1o}, \ldots, y_{mo})^T$, mit den Gewichtungsfaktoren $u = (u_1, \ldots, u_m)$ gewichtet und somit zu einer virtuellen Outputgröße uy_o aggregiert. Analog werden die Inputgrößen $x_o = (x_{1o}, \ldots, x_{no})^T$, mit den Gewichtungsfaktoren
$v = (v_1, \ldots, v_n)$ gewichtet und somit zu einer virtuellen Inputgröße vx_o aggregiert. Die Effizienz der Entscheidungseinheit o ergibt sich dann als Verhältnis der virtuellen Outputgröße uy_o zur virtuellen Inputgröße vx_o.

Die Gewichtung der einzelnen Faktoren ist nicht für alle Entscheidungseinheiten gleich, sondern wird für jede Entscheidungseinheit individuell so ermittelt, dass die Effizienzbewertung für die jeweilige Entscheidungseinheit möglichst hoch ausfällt. Dadurch gehen einzelne Leistungsdimensionen, in denen im Vergleich zu den anderen Entscheidungseinheiten ein relativer Vorteil besteht, stark in die Bewertung ein. Schwächere Leistungsdimensionen fließen nur gering in die Effizienzbewertung ein. Dies ist für die ökonomische Anwendung sinnvoll, da so individuell auf unterschiedliche Strategieschwerpunkte und Zielpräferenzen eingegangen werden kann.

Im Rahmen einer mathematischen Programmierung werden die Gewichte unter der Nebenbedingung bestimmt, dass mit der jeweiligen Gewichtung für alle Entscheidungseinheiten höchstens der relative Effizienzwert 1 erreicht werden kann. Als effizient werden alle Entscheidungseinheiten bezeichnet, die einen effizienzwert von 1 erreichen und die nicht durch andere Entscheidungseinheiten dominiert werden und damit keine sogenannten Slacks in einzelnen Leistungsdimensionen aufweisen. Die übrigen Entscheidungseinheiten, in der Regel mit einem Effizienzwert < 1, werden als nicht-effizient bezeichnet. Die Effizienzwerte drücken den Abstand der nicht-effizienten Entscheidungseinheiten von den effizienten Entscheidungseinheiten aus, und können als radiales Verbesserungspotential interpretiert werden.

Es ergibt sich ein nichtlineares, fraktales Programm FP, dass für jede Entscheidungseinheit (1, ..., J) gelöst werden muss. Die jeweils betrachtete Entscheidungseinheit o wird durch das Programm FP_o beschrieben:

(CCR) Max $\text{CCR-Score}_o = \frac{uy_o}{vx_o}$ (1)

s.t. $\frac{uy_j}{vx_j} \leq 1$ (j = 1, ..., J) (2)

$u \geq 0, v \geq 0$ (3)

Dieses nichtlineare Programm lässt sich zu einem linearen Programm umformen (CHARNES et al. 1978, S. 431ff), und im Rahmen der linearen Programmierung lösen.

Dieser Sachverhalt lässt sich für bis zu zwei Inputgrößen und einen Output auch grafisch darstellen, indem die Entscheidungseinheiten in einen Grafen mit den beiden normierten Inputgrößen eingezeichnet werden (Abbildung 3-5). Im vorliegenden Beispiel sind fünf Unternehmen mit nach Partnerzufriedenheit normierten Logistikkosten und Bestand eingezeichnet. Effizient sind die Unternehmen, die im Vergleich zu den anderen Unternehmen für den gleichen Output von einem Input weniger und vom zweiten Input höchstens die gleiche Menge benötigen. Im Beispiel sind dies die Unternehmen C, D und E. Die Verbindung zwischen den Inputkombinationen dieser Punkte bildet die Effizienzgrenze, der der Effizienzwert 1 zugewiesen wird. Die Unternehmen A und B werden dominiert, ihre Effizienz wird relativ zu den übrigen Unternehmen bestimmt. Um den Effizienzwert zu errechnen, werden die bestehenden Input-Kombinationen von A und B auf die Effizienzgrenze projiziert und das Verhältnis der projizierten zur tatsächlichen Inputkombination bestimmt. Grafisch ist dies für Unternehmen A durch die Projektion auf P und den Vergleich der Strecke OP mit der Strecke OA gegeben. Die relative Effizienz von A beträgt OP/OA = 86%.

ABBILDUNG 3-5: EFFIZIENZGRENZE BEI ZWEI INPUTGRÖßEN UND EINEM OUTPUT

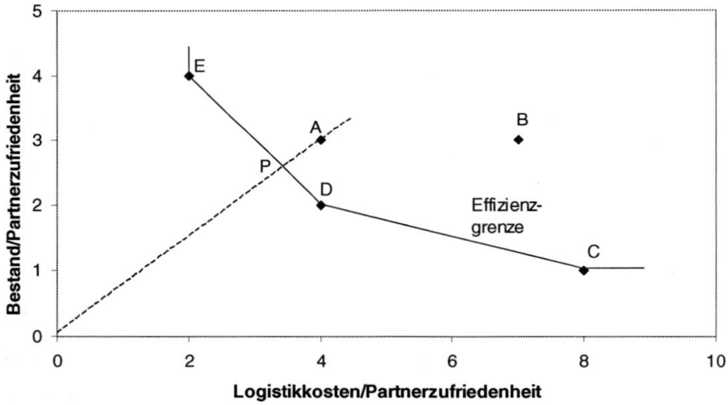

Quelle: Eigene Darstellung

Neben dem Effizienzwert als Ausdruck der relativen Gesamteffizienz können auch die einzelnen Input- und Outputgrößen interpretiert werden (ALI/SEIFORD 1993, S. 129ff). Durch die Projektion der tatsächlichen Faktorkombination auf die Effizienzgrenze ergibt sich eine effiziente Faktorkombination, die dem Einsatzverhältnis und damit den spezifischen Besonderheiten der Entscheidungseinheit am nächsten kommt. P wird dabei als Konvexkombination der Referenz-Entscheidungseinheiten gebildet, die die betrachtete Entscheidungseinheit dominieren. Diese Projektion auf den Punkt P kann dann durch das Management interpretiert werden und zeigt auf, wie groß der Verbesserungsbedarf ist, um bei einer radialen Verbesserung zur Effizienzgrenze aufzuschließen. Für das Unternehmen A im Beispiel heißt dies, dass es sich an dem Projektionspunkt P orientiert, der durch die Referenzpunkte E und D bestimmt wird (Best Peers). Der

Punkt P kann dem Management des Unternehmens A einen Anhaltspunkt für den Abstand zu den Leistungen der Best Peers geben. Durch einen Vergleich der Geschäftsprozesse zwischen Unternehmen A und den effizienten Unternehmen E und D lassen sich dann Schlüsse über mögliche Verbesserungsansätze und Defizite ziehen (SCHEEL 2000, S. 135ff).

3.3.3. Erweiterungen des DEA-Basismodells

Die DEA lässt sich auf Entscheidungseinheiten anwenden, die anhand beliebig vieler Input- und Outputgrößen bewertet werden sollen. Dabei gelten in dem ursprünglichen CCR-Modell eine Reihe restriktiver Annahmen und Voraussetzungen. Seit der ersten Veröffentlichung im Jahre 1978 wurden daher eine Reihe von modifizierten Modellen entwickelt, die weitergehende Einsatzmöglichkeiten eröffnen. Die meisten Erweiterungen setzen an zwei zentralen Stellen der DEA-Methodik an: Erster Schwerpunkt ist die Ableitung der Effizienzgrenze aus der Identifikation von effizienten Einheiten. Zum zweiten gelten viele Modifikationen der Effizienzbewertung für die nicht-effizienten Einheiten, also der Zuordnung von Effizienzzahlen auf der Basis der Entfernung einer Einheit von der Effizienzgrenze (Abbildung 3-6).

Im folgenden werden sechs der wichtigsten Erweiterungen kurz vorgestellt. Zwei davon (Variable Skalenerträge und Beschränkungen bei Gewichtungen) werden im Laufe der Untersuchung angewendet und werden daher ausführlicher dargestellt. Weitere, hier nicht betrachtete Modifikationen greifen Zeitreihenanalysen, die Vorgabe von Zielwerten, stochastische Grundlagen und andere Erweiterungen auf (COOPER et al. 2000, S. 251 ff).

Variable Skalenerträge: Das CCR-Modell setzt konstante Skalenerträge voraus. Dies bedeutet, dass das Verhältnis der Input- und Outputdimensionen als gleichbleibend unterstellt wird und unabhängig von der absoluten Größe der Dimensionen gilt. Dabei geht der oben beschriebene Ansatz von der Konvexität des Produktionsmöglichkeitenbereichs aus, das heißt, alle linear zwischen zwei Faktorkombinationen liegenden Inputkombinationen sind technisch möglich.

ABBILDUNG 3-6: ERWEITERUNGEN DES DEA-BASISMODELLS

Angewendet

Veränderungen der Annahmen bezüglich...

Effizienzgrenze	**Effizienzbewertung**
• Variable Skalenerträge (statt konstanter Skalenerträge)	• Veränderte Orientierung der Effizienzmaße (nicht-orientiert oder Outputorientierung)
• Nicht-konvexe Technologiemengen	• Veränderte Aggregationsmechanismen (Addition oder Durchschnitt)
• Beschränkungen bei Gewichtungen der einzelnen Input- und Outputdimensionen	• Supereffizienz (Effizienzwerte >100%)

Quelle: eigene Darstellung

Erweiterungen bezüglich der verwendeten Produktionsfunktion führen dazu, dass die Annahme der konstanten Skalenerträge aufgelöst werden kann. Mittels einer Effizienzgrenze die auf der Annahme variabler Skalenerträge basiert, können größenbedingte Produktivitätsunterschiede neutralisiert werden. Eine entsprechende Formulierung legen Banker, Charnes und Cooper (BCC) mit dem BCC-Modell vor (BANKER et al. 1984).

Wie in der Input-Output-Darstellung in Abbildung 3-7 dargestellt ist, wird die Effizienzgrenze hier nicht wie im CCR-Modell linear durch den effizienten Punkt C extrapoliert. Stattdessen wird die Effizienzgrenze durch die Punkte D, C und B gezogen, die folglich alle als effizient gelten. Die nicht-effizienten Punkte A, E und F liegen unterhalb der Effizienzgrenze, sie haben relativ zu den anderen Punkten gesehen eine geringere Effizienz. Der Abstand der Punkte zur BCC-Effizienzgrenze ist geringer als zur CCR-Effizienzgrenze. BCC-Effizienzwerte drücken den Abstand der Punkte von der BCC-Effizienzgrenze aus, und sind daher immer mindestens so groß wie die nach dem CCR-Modell errechnete Effizienz (COOPER et al. 2000, S. 87ff).

ABBILDUNG 3-7: EFFIZIENZGRENZE BEI VARIABLEN SKALENERTRÄGEN

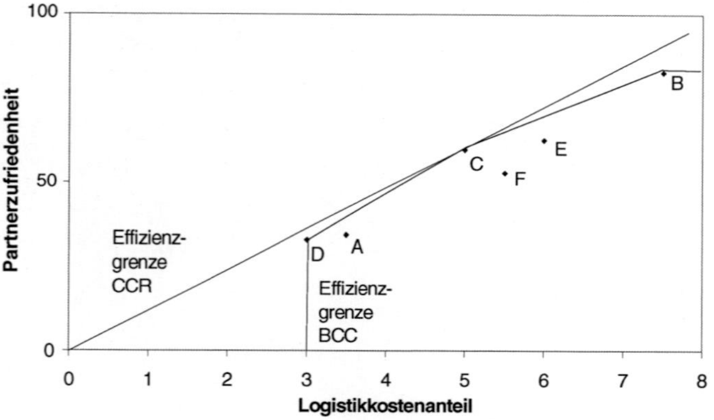

Quelle: Eigene Darstellung

Im Modell wird dies durch die Einbeziehung der Variablen u_o berücksichtigt:

(BCC) $$\max \text{ BCC-Score}_o = \frac{uy_o - u_o}{vx_o} \quad (4)$$

s.t. $$\frac{uy_j - u_o}{vx_j} \leq 1 \quad (j = 1, \ldots, J) \quad (5)$$

$$u \geq 0, v \geq 0 \quad (6)$$

$$u_o frei \quad (7)$$

Das BCC-Modell bleibt damit weiter bei der Linearitätsannahme aus dem CCR-Modell. Wird auch diese Annahme aufgegeben, können auch andere Funktionen die Basis für die Bestimmung der Effizienzgrenze bilden. So können variable Skalenerträge auch durch abschnittsweise log-lineare oder Cobb-Douglas-artige Effizienzgrenzen modelliert werden (ALI/SEIFORD 1993, S. 133f).

Nicht-konvexe Technologiemengen: Das Modell Free Disposable Hull (FDH) löst die Konvexitätsannahme auf, indem es die Effizienzgrenze nur auf den tatsächlich beobachteten Werten aufbaut. Dies kann etwa sinnvoll sein, wenn verschiedene Produkte miteinander vergleichen werden, deren Eigenschaften nicht miteinander kombinierbar sind. Das FDH-Modell kann z.B. verwendet werden, um bei einer Einkaufsentscheidung verschiedene, nicht kombinierbare, Produkteigenschaften darzustellen (SCHEEL 2000, S. 47f). Die FDH-Effizienzgrenze nimmt durch die Beschränkung auf die tatsächlich beobachtbaren Werte eine Treppenform an, deren Treppenstufen durch die einzelnen Werte bestimmt werden. Zur Lösung eines FDH-Modells kann auf die Methode der Paarvergleiche zurückgegriffen werden (COOPER et al. 2000, S. 105f).

ABBILDUNG 3-8: EFFIZIENZGRENZE BEI NICHT-KONVEXITÄT (FREE-DISPOSABLE-HULL)

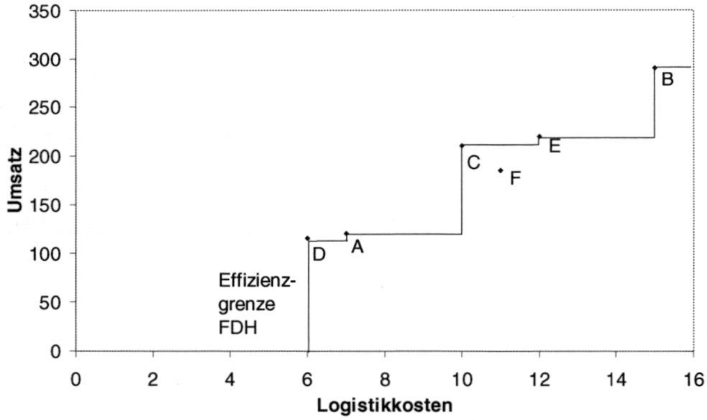

Quelle: Eigene Darstellung

Abbildung 3-8 stellt die FDH-Effizienzgrenze für das oben schon verwendete Beispiel dar. Am Beispiel der Einheit E lässt sich die Auswirkung des Verzichts auf die Bildung von Konvexkombinationen absehen. Die virtuellen Konvexkombinationen aus C (CCR-Modell) bzw. aus B und C (BCC-Modell), die Einheit E dominieren würden (Abbildung 3-7) sind bei der FDH-Technologie nicht zulässig.

Daher zählt E bei einer nicht-konvexen Technologie zu den effizienten Einheiten. Allgemein nimmt im Rahmen der FDH-Technologie die Anzahl der effizienten Einheiten gegenüber den konvexen Modellen zu.

Beschränkungen bei Gewichtungen: Im Basismodell werden die einzelnen Input- und Outputdimensionen durch das Modell individuell für jede Entscheidungseinheit gewichtet. Dabei kann es vorkommen, dass Entscheidungseinheit A den Faktor x_1 mit 0% und den Faktor x_2 mit 100% gewichtet, während Entscheidungseinheit B ihre gute Position bei Faktor x_1 mit 100% und den Faktor x_2 mit 0% gewichtet. Wenn vermieden werden soll, dass solche extrem unterschiedliche Gewichte zum Einsatz kommen, können die Gewichte beschränkt werden. So kann es zum Beispiel sinnvoll sein, dass eine wichtige Dimension mindestens mit dem Gewicht u* in die Effizienzbewertung einfließen soll, oder dass ein nebensächlicher Input höchstens mit dem Gewicht v* eingehen soll. Ebenso wäre es möglich, gewisse Grenzen für die Relation der Gewichte untereinander aufzustellen.

Die Assurance-Region-Methode (AR) fügt direkt in die Formulierung des Linearen Programms weitere Nebenbedingungen ein, die die Gewichte begrenzen. So können Grenzen für die Output- und Inputgrößen in zwei separaten Matrizen formuliert werden und das Programm wie bei den Basismodellen mit den zusätzlichen Restriktionen aufgelöst werden (COOPER et al. 2000, S. 151ff).

Ausgeschrieben ergeben sich die weiteren Nebenbedingungen AR:

$$u_1 L_{1,r} \leq u_r \leq u_1 U_{1,r} \qquad (r = 2, ..., m) \qquad (8)$$

$$v_1 l_{1,i} \leq v_i \leq v_1 u_{1,i} \qquad (i = 2, ..., n) \qquad (9)$$

Dabei werden u_1, das Gewicht für den ersten Output y_1, und v_1, das Gewicht für den ersten Input x_1 zur Normierung der anderen Gewichte verwendet. Diese werden jeweils durch eine untere Schranke $L_{1,r}$ und eine obere Schranke $U_{1,r}$ für die Outputgewichte u_r bzw. durch eine untere Schranke $l_{1,r}$ und eine obere Schranke $u_{1,r}$ für die Inputgewichte v_i begrenzt.

Obwohl die Beschränkung der Gewichte sehr sinnvoll sein kann, bedeutet sie einen Einschnitt in den Lösungsraum der DEA-Modelle und muss daher inhaltlich begründbar sein. Auch bezüglich der Interpretationsmöglichkeiten ergeben sich Einschränkungen durch die Verwendung von beschränkten Gewichten. Daher werden oft nur geringfügige Schranken eingesetzt (DYSON et al. 2001, S. 253ff).

Veränderte Orientierung der Effizienzmaße: Die in den Gleichungen (1) und (4) bestimmten Effizienzmaße für das CCR- bzw. das BCC-Modell sind inputorientiert. Die Effizienzwerte liegen zwischen 0 und 1, wobei 0 die geringste und 1 die höchste Effizienzausprägung darstellt. Der Wert gibt an, mit welchem Faktor jeder der Inputs multipliziert werden müsste, um zur Effizienzgrenze aufzuschließen. Eine Einheit mit dem (inputorientierten) Effizienzmaß von 0,85 müsste z.B. ihre Inputs um 15% reduzieren, um effizient zu werden.

Analog kann auch ein outputorientiertes Effizienzmaß verwendet werden. Outputorientierte Effizienzmaße werden üblicherweise auf einer bei eins beginnenden und nach oben offenen Skala dargestellt. Die Interpretation erfolgt analog zu den inputorientierten Effizienzmaßen. Eine Einheit mit dem outputorientierten Effizienzwert 1,2 müsste ihren Output um 20% ausweiten, um die Effizienzgrenze zu erreichen.

Die Darstellung als input- oder outputorientiert hat in erster Linie Bedeutung für die Interpretation der Werte. Im DEA-Basismodell CCR ergeben sich durch die Auswahl der Orientierung jedoch keinerlei weiteren Konsequenzen für die Berechnung der Effizienzwerte und deren Eigenschaften (COOPER et al. 2000, S. 58ff). Das inputorientierte Effizienzmaß ist durch die Bildung des Kehrwerts leicht in das outputorientierte Effizienzmaß überführbar. Bei Effizienzgrenzen mit anderen Eigenschaften gilt diese einfache Beziehung jedoch nicht (SCHEEL 2000, S. 91ff).

Veränderte Aggregationsmechanismen: Die bisher vorgestellten Effizienzmaße gehen implizit davon aus, dass das vorhandene Verhältnis zwischen den einzelnen Input- bzw. Outputdimensionen bestehen bleibt. Wird eine ineffiziente Einheit auf die Effizienzgrenze projiziert, so geschieht das ebenfalls unter

Beibehaltung dieses Input- bzw. Outputmixes. Das inputorientierte Effizienzmaß gibt dabei an, um wieviel Prozent alle Inputs gleichzeitig reduziert werden können. Die outputorientierte Variante gibt an, wie stark alle Outputs gleichzeitig verbessert werden können. Diese Verbesserungen entsprechen grafisch gesehen Verschiebungen auf einer Geraden durch den Nullpunkt. Die Effizienzmaße werden daher auch Radialmaße oder äquiproportionale Maße genannt (SCHEEL 2000, S. 89ff).

Eine erste Alternative besteht darin, die einzelnen Leistungsdimensionen getrennt zu betrachten und zu addieren. Additive Effizienzmaße addieren die Abweichungen von der Effizienzgrenze auf allen Leistungsdimensionen. Neben einem einfachen additiven Modell, dass keine weitere Gewichtung vornimmt (COOPER et al. 2000 S. 91ff) gibt es auch additive Effizienzmaße, die die Bandbreite der einzelnen Dimensionen oder sonstige exogen gegebene Faktoren zur Gewichtung der Leistungsdimensionen benutzen (KLEINE 2002, S. 191ff).

Eine weitere Alternative stellen die Durchschnitts-Effizienzmaße dar. Dazu werden in den einzelnen Leistungsdimensionen jeweils maximal (Dmax-Maße) oder minimal (Dmin-Maße) mögliche Verbesserungen bestimmt. Je nach Orientierung des Modells (Input-, Outputorientierung) wird dann das durchschnittliche Verbesserungspotential über die Input- bzw. Outputdimensionen bestimmt (SCHEEL 2000, S. 97ff). Sowohl additive als auch Durchschnittseffizienzmaße werden darüber hinaus oft ohne Orientierung unter gleichzeitiger Berücksichtigung von Input- und Outputdimensionen berechnet.

Supereffizienz: Alle diskutierten Effizienzmaße weisen den effizienten Einheiten jeweils den gleichen optimalen Wert zu. Meist ist dies der Wert 1, je nach Aufbau des Effizienzmaßes kann aber auch ein unterschiedlicher Wert zugewiesen werden. Für die nicht-effizienten Einheiten wird der Effizienzwert aus dem Abstand der Einheit zur Effizienzgrenze berechnet. Da die effizienten Einheiten alle auf der Effizienzgrenze liegen, kann dieser Abstand von einer effizienten Einheit zu den anderen effizienten Einheiten nicht bestimmt werden. Daher wird hier auf eine Differenzierung zwischen den effizienten Einheiten verzichtet.

Insbesondere bei der Verwendung vieler Leistungsdimensionen und dem Verzicht auf Gewichtsbeschränkungen ergeben sich so jedoch viele effiziente Einheiten ohne weitere Unterscheidungsmöglichkeit (SCHEEL 2000, S. 111ff).

Um für die Bewertung der effizienten Einheiten zusätzliche Informationen abzuleiten, führen ANDERSEN/PETERSEN (1993) daher die Supereffizienz ein. Zur Bestimmung der Supereffizienz wird jede effiziente Einheit relativ zu den übrigen effizienten Einheiten neu bewertet. Die zu bewertende Einheit wird dabei von der Definition der Effizienzgrenze ausgeschlossen. Dadurch ergibt für jede effiziente Einheit als Vergleichsmaßstab eine neue Effizienzgrenze, zu der der Abstand bestimmbar ist.

Der Abstand einer effizienten Einheit zur neuen Effizienzgrenze darf dabei aber nicht als Verbesserungspotential interpretiert werden, sondern stellt im Gegenteil ein "Verschlechterungspotential" dar. Selbst wenn die effiziente Einheit sich bis zur neuen Effizienzgrenze verschlechtert, bleibt sie effizient. Für jede effiziente Einheit kann so ein Supereffizienzwert bestimmt werden, der die Effizienz relativ zu den anderen Einheiten angibt. Die konkrete Berechnung und Ausprägung der Supereffizienzwerte hängt von der Auswahl der oben vorgestellten Alternativen und Erweiterungen ab. Im CCR-Basismodell mit Input-Orientierung muss zur Umsetzung des Supereffizienzmodells lediglich die Nebenbedingung (2) durch die modifizierte Nebenbedingung (2a) ausgetauscht werden, die die jeweils betrachtete Einheit o ausschließt.

$$\text{s.t.} \quad \frac{uy_j}{vx_j} \leq 1 \qquad (j = 1, \ldots, o\text{-}1; o+1, \ldots, J) \qquad (2a)$$

In diesem Modell ergeben sich dadurch Supereffizienzwerte größer als eins. Für die ineffizienten Einheiten ändert sich die Bewertung nicht, die Werte liegen weiter zwischen 0 und 1 (ANDERSEN/PETERSEN 1993, S. 1263f).

3.3.4. Anwendungsgebiete der DEA

Ursprünglich für den öffentlichen Sektor konzipiert, ist die DEA inzwischen auf eine Vielzahl von anderen Gebieten übertragen worden. Die Anwendung der DEA auf die Messung der Supply-Chain-Effizienz führt die Erweiterung des Anwendungsbereichs der DEA fort.

Die DEA wurde 1978 erstmals in einem Aufsatz von CHARNES et al. auf die Bewertung von Effizienz in öffentlichen Schulen im Rahmen eines Bildungsprogramms angewandt. Zahlreiche weitere Anwendungen im Bildungsbereich und weiteren Feldern des öffentlichen Sektors folgten, z.B. im Vergleich von Polizeistationen, bei der Effizienzbewertung von Gefängnissen, bei der Bewertung von Krankenhäusern und dem Vergleich militärischer Einrichtungen wie Rekrutierungsbehörden, Flugbasen etc. (CUBBIN/TZADINAKIS 1998, LOVELL 1993, S. 8f). Auch komplexe Fragestellungen wie der Vergleich der wirtschaftlichen Entwicklung von Ländern (LI 1996) oder Regionen (MARTIC/SAVIC 2001) sind mit der DEA-Methodik untersucht worden. Schließlich sind auch eine Reihe kurioser Anwendungen erfolgt. So hat sich eine ganze Forschungsrichtung um die Anwendung von DEA im Bereich des Baseball entwickelt (z.B. SUEYOSHI et al. 1999).

Die besondere Eignung der DEA für den öffentlichen Sektor liegt darin begründet, dass mit der DEA Input- und Outputgrößen in unterschiedlichen Messeinheiten auch unter der Einbeziehung von qualitativen Aspekten berücksichtigt werden können. Eine monetäre Bewertung oder objektive Gewichtung der einzelnen Größen ist im öffentlichen Zusammenhang meist nicht möglich, für eine umfassende Effizienzbewertung muss aber eine Aggregation durchgeführt werden. Die DEA wird diesen Anforderungen dadurch gerecht, dass sie nur sehr geringe Anforderungen an die a-priori-Bewertung der Daten stellt. Die Aggregation der einzelnen Größen wird in der DEA dann modellendogen vorgenommen, die explizite Gewichtung der einzelnen Inputs und Outputs durch den Entscheider entfällt (LOVELL 1993, S. 26ff).

Inzwischen gibt es viele Anwendungsbeispiele aus dem privatwirtschaftlichen Sektor, zum Beispiel bei der Untersuchung von Bankfilialen, Versicherungen, Energieunternehmen, Schnellrestaurants, der Landwirtschaft und Unternehmen des Luftverkehrs (SCHEFCZYK 1994, S. 192ff). Eine Reihe von Anwendungen zeigen auch eine Verbindung von DEA mit anderen Analysemethoden wie z.B. dem Activity Based Management (HOMBURG 2000). Des weiteren erfolgt die Integration in regelmäßig durchgeführte Untersuchungsreihen und in Management-Informations-Systeme wie z.B. bei SUHREN (1997) mit der Anwendung der DEA-Methodik in einem Führungsinformationssystems für den landwirtschaftlichen Handel.

Während die ersten DEA-Anwendungen sich stets auf in sich geschlossene Organisationen bezogen, untersuchen neuere Studien auch einzelne Funktionen und Prozesse innerhalb eines Unternehmens (HAAS 2002). Obwohl bisher noch keine Anwendung auf die Supply Chain bekannt ist, lassen sich Beispiele für verwandte Funktionen finden. CLARKE/GOURDIN (1991) beschreiben die Anwendung auf die Transportfunktion, und zeigen wie sie die DEA-Ergebnisse zur Identifikation von Verbesserungen bei hoher Akzeptanz der betroffenen Manager anwenden können. LINTON et al. (2002) wenden DEA in der Forschungsabteilung von Bell Laboratories an, und beschreiben ein Verfahren, dass die Auswahl von Forschungsprojekten durch die Kombination von DEA mit herkömmlichen Verfahren erleichtert. FORKER/MENDEZ (2001) nutzen DEA schließlich, um Lieferanten hinsichtlich der Umsetzung von Total Quality Maßnahmen zu beurteilen. Sie betonen die gute Interpretierbarkeit der Ergebnisse durch die Identifikation von Best-Peer-Referenzeinheiten, durch die dann konkrete Verbesserungsmöglichkeiten abgleitet werden können.

3.3.5. Eignung der DEA für den Vergleich von Supply-Chain-Erfolg

Die DEA-Anwendung wird jedoch nicht jedem Untersuchungsgegenstand gerecht. Vor der Anwendung der DEA auf ein neues Gebiet wie dem Supply Chain Management ist daher die Eignung für den Gegenstand zu diskutieren.

Dazu müssen einige grundlegende Voraussetzungen insbesondere bei der Auswahl der Input- und Outputgrößen überprüft werden. Für das Supply Chain Management werden diese Voraussetzungen, wie im folgenden erläutert, erfüllt.

Hauptvoraussetzung ist die möglichst komplette Abdeckung der zu bewertenden Leistung durch die verwendeten Input- und Outputkennzahlen. Dabei muss der inhaltliche Bezug von Input und Output gewährleistet sein, wenn aus der Relation der beiden Größen die Effizienz bestimmt werden soll. Die Bewertung von Marketingeffizienz anhand der Marketingausgaben als Input und des Umsatzes und des operativen Ergebnisses als Outputs in LUO/DONTHU (2001) ist z.B. nicht zulässig. Input und Output stehen hier nicht in einer direkten Beziehung zueinander, sondern werden durch eine Vielzahl weiterer Variablen beeinflusst und sind zudem zeitlich nicht abgestimmt.

Die oben ausgewählten Leistungsdimensionen für die Supply Chain sind in der Lage, die Supply-Chain-Leistung umfassend abzudecken. Input und Output stehen hier in dem geforderten direkten Bezug zueinander.

Bei der Verwendung von relativen oder indizierten Größen ist weiterhin darauf zu achten, dass die Annahmen der DEA nicht verletzt werden (POREMBSKI 2000, S. 197ff). Während die frühen DEA-Modelle Input und Output nur anhand absoluter Messgrößen wie Umsatz, Anzahl Patienten etc. bewerten, werden nun auch häufiger Indexzahlen und Prozentzahlen verwendet (COOPER 2000, S. 169ff). Bei der Bewertung von Schulen wurden z.B. Problemstudenten oder Studienabbrecher sowohl auf Input- als auch auf Outputseite als Prozentzahlen gemessen (COOPER 2000, S. 63ff). FORKER/ MENDEZ (2001) verwenden schließlich die Ausschussquote pro Millionen Teile als Outputgröße zur Messung der Qualität von Lieferanten.

Die Erfassung von Prozentzahlen ist insbesondere dann ein Problem, wenn dadurch relative und absolute Zahlen miteinander vermischt werden (DYSON et al. 2001, S. 249ff). Bei konsequenter Verwendung absoluter oder relativer Zahlen wird eine größenbedingte Verzerrung jedoch vermieden. In dieser Arbeit werden daher nur größenunabhängige Dimensionen in der DEA verwendet.

4. Hypothesen zu Erfolgsfaktoren des Supply Chain Managements

Im vorhergehenden Abschnitt wurde anhand von sieben Leistungsdimensionen beschrieben, wie Erfolg in einer Supply Chain gemessen und verglichen werden kann. In diesem Abschnitt werden Hypothesen dazu aufgestellt, wie Unternehmen Supply-Chain-Erfolg erreichen können. Dazu werden sechs Hypothesen zu SCM-Erfolgsfaktoren auf den drei Ebenen der strategischen Rahmensetzung, der SC-Prozesse und der Konfiguration der Supply Chain untersucht (Abbildung 4-1):

ABBILDUNG 4-1: ÜBERSICHT ÜBER ELEMENTE DES SUPPLY CHAIN MANAGEMENTS

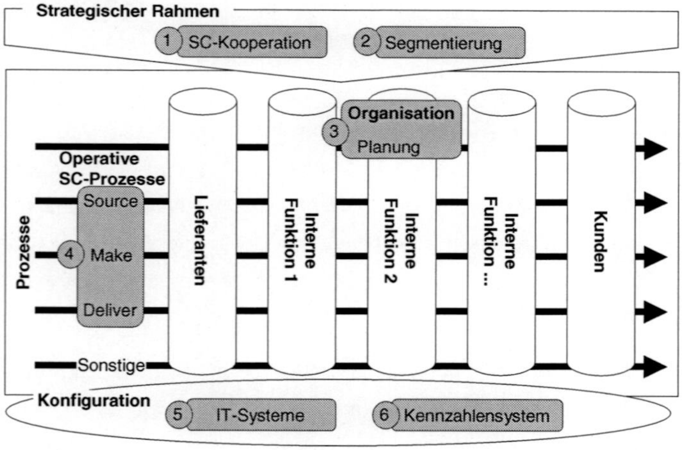

Quelle: eigene Darstellung in Anlehnung an COOPER et. al. 1997

Zunächst werden Erfolgsfaktorhypothesen zum **strategischen Rahmen** der Supply Chains in den Unternehmen formuliert. In Abschnitt 4.1 wird die Kooperation analysiert. Hier wird der Einfluss der intensiven Zusammenarbeit an der Schnittstelle Hersteller - Händler sowie der Bereitschaft zum offenen Austausch und zur konstruktiven gemeinsamen Verbesserung auf den SC-Erfolg untersucht. In Abschnitt 4.2 wird untersucht, ob Supply Chains, die ihre Strategie differenzierend zwischen einzelnen Händlern und Produkten ausrichten, einen höheren SC-Erfolg erreichen.

Für die Strukturierung der Hypothesen zu den **Supply-Chain-Prozessen** kann auf das SCOR-Modell zurückgegriffen werden. Basis des SCOR-Modells ist die Abbildung von Lieferketten durch die vier Prozesstypen "Plan", "Source", "Make" und "Deliver". Diese Prozesstypen bilden die Kernelemente jeder Supply Chain. In Abschnitt 4.3 wird der Planungsprozess ("Plan") und seine Auswirkung auf die SC-Leistung beschrieben. In enger Wechselwirkung mit der Planung steht die Frage nach der Aufteilung der Supply-Chain-Verantwortung und der Organisation der Supply Chain. Dies wird daher im Zusammenhang mit den Planungsprozessen ebenfalls untersucht. Im Abschnitt 4.4 folgen die Hypothesen zur Erfolgswirkung der operativen Prozesse der SCOR-Elemente "Source", "Make" und "Deliver".

Schließlich werden zwei Erfolgsfaktorhypothesen formuliert, die sich auf die **Supply-Chain-Konfiguration** beziehen. In Abschnitt 4.5 wird die Wirkung von IT-Systemen als Unterstützung von internen und schnittstellenbezogenen Prozessen betrachtet. In Abschnitt 4.6 wird das Controlling von Supply-Chain-Leistung und die Verankerung von Kennzahlensystemen in der Organisation als Erfolgsfaktor dargestellt.

In allen Abschnitten erfolgt zunächst eine kurze Einordnung der Erfolgsfaktoren in den Gesamtzusammenhang des SCM. Dann werden in einzelnen Unterabschnitten Hypothesen zur Funktionsweise und zur Wirkung der Erfolgsfaktoren beschrieben. Am Schluss der Abschnitte werden die Erfolgsfaktoren operationalisiert. Dazu werden Fragen zu den verschiedenen Teilaspekten und Instrumenten der Erfolgsfaktoren formuliert, die später in einem Fragebogen zusammengefasst werden können. Bei der Auswahl der Fragen werden vor allem die Teilaspekte berücksichtigt, für die eine hohe Erfolgsrelevanz vermutet wird und die sich im Rahmen eines Interviews standardisiert abfragen lassen.

4.1. Hypothesen zur SC-Kooperation als Erfolgsfaktor

Kooperation kann allgemein wie folgt definiert werden (AULINGER 1996, S. 31):

"Kooperation dient der Steigerung der Effizienz bei dem Erreichen von Zielen mehrerer Beteiligter, wenn zwischen den Zielen der Beteiligten gleichgerichtete Wechselbeziehungen bestehen."

In Anlehnung an das Advanced-Logistics-Partnership-Modell von FRIGO-MOSCA (1998, S. 132 ff) lassen sich drei Ebenen der Kooperation unterscheiden (Abbildung 4-2): Zuerst wird die strategische Ebene betrachtet. Auf dieser Ebene treffen Unternehmen unabhängig von einzelnen Aufträgen und Produkten die Entscheidung, inwieweit sie mit ihren Partnern der vor- und nachgelagerten Wertschöpfungsstufen kooperieren. Davon lassen sich eine taktische und operative Ebene trennen, auf denen spezifische Instrumente zum Einsatz kommen, um die Beziehungen zwischen den Partnern abzuwickeln.

ABBILDUNG 4-2: EBENEN DER SUPPLY-CHAIN-KOOPERATION

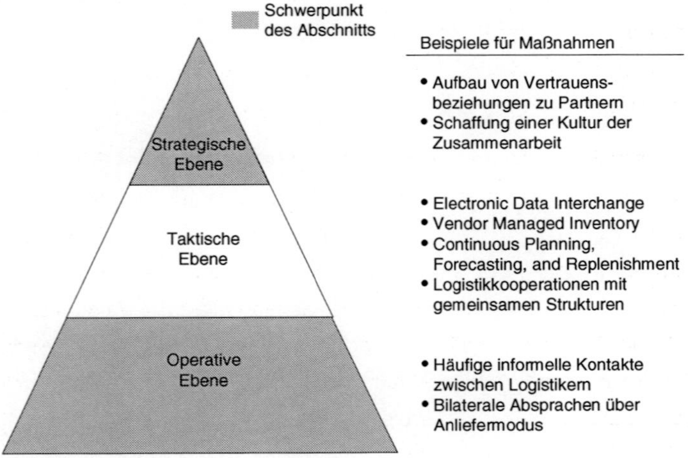

Quelle: Eigene Darstellung

Die Instrumente der taktischen Ebene erfordern meist große Investitionen und sind daher nicht nur aus der Kooperationsperspektive zu betrachten. In welchem

Umfang ein Unternehmen z.B. in Electronic Data Interchange (EDI) investiert, wird auch durch die IT-Strategie bestimmt. Die Beschreibung der taktischen Kooperationsinstrumente erfolgt dementsprechend in den späteren Abschnitten im Zusammenhang mit den jeweiligen Erfolgsfaktoren. Die Umsetzung der Kooperationsstrategie auf der operativen Ebene ist hingegen nicht mit größeren Kosten verbunden. Daher kann sich die SC-Kooperation auf der operativen Ebene direkt an der Kooperationsstrategie orientieren.

Im Folgenden wird die erfolgssteigernde Wirkung der Kooperation auf der strategischen Ebene (Abschnitt 4.1.1) und der operativen Ebene (Abschnitt 4.1.2) konkretisiert.

4.1.1. SC-Kooperation auf der strategischen Ebene

Auf der strategischen Ebene wird bestimmt, welche Bedeutung der Kooperation zukommt. Wer sind die entscheidenden Partner? Wie weit geht das Vertrauen und die Investitionsbereitschaft in die gemeinsame Beziehung? Gibt es eine langfristige gemeinsame Ausrichtung und Abstimmung?

In der Literatur wird die Überzeugung vertreten, dass eine strategische Supply-Chain-Kooperation zu Effizienzsteigerungen führt. Dies wird durch zwei grundlegende Paradigmen begründet (BOWERSOX/CLOSS 1996, S. 101):

- Kooperation verbessert die Ausgangssituation der Unternehmen einer Supply Chain bei der Planung und der Erfüllung der Konsumentenbedürfnisse.
- Die gemeinsame, integrierte Optimierung der Supply Chain führt zur Vermeidung von Doppelarbeit und zur Reduktion überflüssiger Bestände.

Oft wird dabei angenommen, dass das Ausmaß der strategischen Kooperation einer quasi-gesetzmäßigen Evolution folgt und ausgehend von Markttransaktionen bis hin zur partnerschaftlichen Kollaboration immer weiter zunimmt (SPEKMAN et al. 1998). Im Endzustand der Kollaboration existiert ein hohes

Maß gegenseitigen Vertrauens und eine gemeinsame Zielvision als Basis für die Zusammenarbeit auf allen Ebenen. Je stärker die Zusammenarbeit ausgeprägt ist und je mehr die Beziehung von einem konstruktiven Umgang miteinander geprägt ist, desto größer werden die erwarteten Kooperationsgewinne der beteiligten Unternehmen.

Eine Untersuchung in der Automobilindustrie bestätigt die positive Auswirkung von strategischer SC-Kooperation (MALONI/BENTON 2000). Partnerschaften mit hohem Zusammenhalt und Vertrauen sowie wenig Konflikten führen zu besseren Supply-Chain-Leistungen für alle Beteiligten. Unternehmen, die hingegen unkooperativ auftreten, erreichen schlechtere Ergebnisse. Unternehmen sollten daher versuchen, die Zusammenarbeit mit den Lieferanten bzw. Kunden konstruktiv zu verbessern.

In der japanischen Wirtschaft ist die strategische Kooperation entlang der Supply Chain ein seit langem angewandtes Konzept, das sich in den Verflechtungsbeziehungen der Keiretsu genannten Unternehmenskonsortien mit einer sehr weitgehenden Kooperation niederschlägt (ELLRAM/COOPER 1993). Es lassen sich zahlreiche Parallelen zwischen den japanischen Keiretsu und der Kooperation im SCM aufzeigen.

Beide erfordern eine langfristige Orientierung und basieren auf dem Austausch von Informationen und der darauf aufbauenden gemeinsamen Planung. Ziel ist es jeweils, durch das erhöhte Ausmaß der Abstimmung die Prozesse zu beschleunigen und die Effizienz zu erhöhen, was dann z.B. in geringeren Beständen sichtbar wird. Ausdruck für die strategische Ausrichtung der Beziehungen ist dabei eine langfristige Koordinierung der Wertschöpfungsketten, eine gemeinsame Planung, und eine Abstimmung von Kapazitätsentscheidungen.

Ein heikler Aspekt der strategischen SC-Kooperation, an dem viele Kooperationen scheitern, ist die Verteilung von Gewinnen aus der Zusammenarbeit. Die "romantische" Partnerschaft als Win-Win-Situation, die automatisch zu besseren Ergebnissen bei allen Beteiligten führt ("better, faster, closer" CHRISTOPHER 1998, S. 273 ff) ist oft eher ein Wunschbild. Zwar sind bei strategischen SC-

Kooperationen in der Regel positive Effekte für die Gesamtbeziehung zu erwarten, die tatsächliche Kostenauswirkung bei den einzelnen Partnern muss aber explizit betrachtet werden. Insbesondere wenn Kooperationen mit großen Investitionen verbunden sind, gilt es, die erhofften Effekte für das eigene Unternehmen durch ein umfassendes Controlling zu überprüfen (A.T.KEARNEY/PAP 1998). Gut funktionierende strategische SC-Kooperationen zeichnen sich dadurch aus, dass auch monetäre Auswirkungen und Verbesserungspotentiale unternehmensübergreifend mit dem Partner diskutiert werden.

4.1.2. SC-Kooperation auf der operativen Ebene

Die SC-Kooperation auf der strategischen Ebene gibt den Rahmen für die alltägliche Zusammenarbeit vor. Das Ausmaß der operativen Kontakte und des Datenaustauschs orientiert sich an der Stärke des gegenseitigen Vertrauens. Bei der operativen Abwicklung von Materialflüssen müssen eine Vielzahl von koordinierenden Entscheidungen getroffen werden, z.B. die Absprache von Lieferterminen, Zeitfenstern etc.. Im Rahmen einer kooperativen Zusammenarbeit kann dies in einem regen Austausch zwischen Logistikern geschehen, so dass viele Probleme schon frühzeitig auf dem "kleinen Dienstweg" behoben werden können. Herrscht eine weniger kooperative Einstellung vor, werden operative Schwierigkeiten tendenziell öfter über den offiziellen Weg von Einkauf und Vertrieb eskaliert und verursachen so zusätzlichen Aufwand.

In gut funktionierenden kooperativen Beziehungen können zudem eine Reihe von Daten ausgetauscht werden, die über das zur Abwicklung der Transaktionen notwendige Minimum hinausgehen. Diese zusätzlichen Informationen, wie z.B. Abverkaufsdaten (POS-Daten), Bestandsdaten oder interne Kennzahlen wie der Servicelevel können einen wesentlichen Vorteil für das Management der Supply Chain darstellen. POS-Daten helfen z.B. bei der Analyse von Aktionen und der Aktualisierung von Absatzprognosen. Bestandsdaten können verwendet werden, um frühzeitig zu erkennen, ob im Handel Bestand aufgebaut wird. Weitere

Kennzahlen können als Feedback für die eigene Supply-Chain-Leistung benutzt werden und so zur Identifikation von Defiziten beitragen.

SPEKMAN et. al (1998) untersuchen den Einfluss von Kooperation auf Kundenzufriedenheit und Kosten bei 132 Unternehmen aus fünf verschiedenen Branchen. Der Austausch von Daten ist in ihrer Untersuchung das operative Kooperationsinstrument mit dem größten positiven Effekt auf Zufriedenheit und Kosten. Eine Reihe der von ihnen untersuchten anderen Instrumente, wie z.B. häufige Interaktion, effiziente Auftragseingangsprozesse und das Tracking von Rohstoffen zeigen hingegen keine oder sogar negative Auswirkungen. Die Autoren betonen insbesondere auch die Bedeutung von Vertrauen und gegenseitiger Bindung, um Verbesserungen zu erreichen. Dies bestätigt das oben beschriebene Zusammenspiel zwischen einer kooperativen SC-Strategiesetzung und deren operativer SC-Kooperation.

GROVES/VALSAMAKIS (1998) belegen die Vorteile von operativen SC-Kooperationen im Vergleich zu stärker konfrontational geführten Beziehungen mit einer empirischen Untersuchung in der Elektronik- und Textilindustrie. Partnerschaftliche Supply Chains sind auf einer Reihe von Leistungskennzahlen überlegen, insbesondere bei dem Erreichen hoher Zuverlässigkeit und in geringerem Umfang bei der Messung von zeitbezogenen Größen. Dies erreichen die Unternehmen durch eine Reihe von Kooperationsinstrumenten, wie dem Austausch von Daten, der gemeinsamen Planung und der Bildung gemeinsamer Teams mit einem informellen Austausch.

Erfolgsfaktor-Hypothese 1:

Supply-Chain-Kooperation verbessert den Supply-Chain-Erfolg (Abbildung 4-3).

Zur Operationalisierung der strategischen SC-Kooperation kann zunächst die subjektive Zufriedenheit mit der Zusammenarbeit mit dem Handel abgefragt werden (3Konstr). Die besondere Bedeutung der langfristigen Ausrichtung einer strategischen SC-Kooperation wird durch die Frage erfasst, ob eine Kapazitätsplanung zusammen mit Händlern erfolgt (KoopCapa). Schließlich wird der

Umsetzungsgrad von kostenbezogenen Kooperationen als Indikator für das Vertrauen in der SC-Kooperation gemessen (KoopCost).

Zur Operationalisierung der operativen SC-Kooperation wird zunächst die informelle Zusammenarbeit auf der Logistikebene erhoben. Darüber hinaus wird der Austausch von Daten im Rahmen der operativen SC-Kooperation ausführlich erfasst. Dazu wird der Austausch von Bestandsdaten (KoopDatS), Kennzahlen (KoopKPIs) und POS-Daten (KoopPOS) gemessen.

ABBILDUNG 4-3: OPERATIONALISIERUNG DES ERFOLGSFAKTORS SC-KOOPERATION

Code	Beschreibung	Skalenniveau	Antwortkategorien
	SC-Kooperation auf der strategischen Ebene		
3Konstr	Ist die Zusammenarbeit mit dem Handel konstruktiv?	Intervall	1 - 6
KoopCapa	Optimieren Sie die Kapazitätsplanung (Produktion, Logistik) zusammen mit Ihren Hauptkunden?	Intervall	1 - 6
KoopCost	Diskutieren Sie Kostengrößen und Möglichkeiten zur Kostenverbesserung mit dem Handel?	Nominal	binär (0/1)
	SC-Kooperation auf der operativen Ebene		
KoopLog	Bilden Sie auf der Logistikarbeitsebene informelle Task Forces gemeinsam mit Kunden?	Intervall	1 - 6
KoopDatS	Für welchen Anteil des Umsatzes stehen Ihnen Bestandsdaten des Handels zur Verfügung?	Intervall	1 - 6
KoopKPIs	Tauschen Sie Kennzahlen mit dem Handel aus?	Nominal	binär (0/1)
KoopPOS	Für welchen Anteil des Umsatzes stehen POS-Daten der Händler zur Verfügung?	Intervall	1 - 6

Quelle: Eigene Darstellung

4.2. Hypothesen zur Segmentierung als Erfolgsfaktor

Ausgangspunkt der Überlegungen zu diesem Abschnitt ist die Erkenntnis, dass innerhalb einer Supply Chain Produkte und Partner mit den unterschiedlichsten Charakteristika zusammenkommen. Vielfach werden dabei alle in der gleichen Art und Weise behandelt, anstatt differenzierte Lösungen anzubieten. Wer jedoch auf die Besonderheiten einzelner Segmente eingeht, kann dadurch die Effizienz steigern: Zum einen kann er Aufwand dort einsparen, wo er nicht benötigt wird. Zum anderen kann er verbesserte Leistungen für die Segmente anbieten, in denen dies honoriert wird.

Dazu ist ein Vorgehen in drei Stufen notwendig. Als erstes müssen für jede Supply Chain relevante Segmente identifiziert werden (Abschnitt 4.2.1). Stehen die Segmente fest, können sie zunächst als Ausgangsbasis für detaillierte Analysen dienen (Abschnitt 4.2.2). Schließlich kann in einem letzten Schritt die individuelle und differenzierte Ausgestaltung der Prozesse für die einzelnen Segmente erfolgen (Abschnitt 4.2.3).

4.2.1. Identifikation von SC-Segmenten

Der erste Schritt einer Segmentierungsstrategie ist die Identifikation von Teilen einer Supply Chain mit weitgehend ähnlichen Eigenschaften und Anforderungen. Welche Kriterien zur Trennung der Segmente herangezogen werden, hängt stark von der individuellen Ausprägung einer Supply Chain ab. Am häufigsten werden Produkteigenschaften oder die Kundenstruktur verwendet. Die Nachfragesicherheit und die Produktionsflexibilität sind zwei weitere für schnelldrehende Konsumgüter sinnvolle und gut kombinierbare Segmentierungskriterien, die allerdings in der Praxis noch selten verwendet werden (Abbildung 4-4).

Produkteigenschaften sind ein offensichtliches Kriterium zur Identifikation von SC-Segmenten. Oft werden anhand von Produktgruppen organisatorische Einheiten (Sparten) gebildet, die dann eine klare Trennung zwischen den Produktsegmenten umsetzen. Klassisch ist zudem die Einteilung eines Produktportfolios in A-, B- und C-Produkte je nach dem Umsatz der betreffenden Artikel. Die A-Artikel sind die Renner eines Unternehmens, die C-Artikel sind meist Spezialitäten mit geringem Volumen. Produktsegmente sind einfach zu identifizieren und bieten einen sinnvollen ersten Anhaltspunkt für eine Segmentierungsstrategie.

ABBILDUNG 4-4: MÖGLICHE SUPPLY-CHAIN-SEGMENTE FÜR SCHNELLDREHENDE KONSUMGÜTER

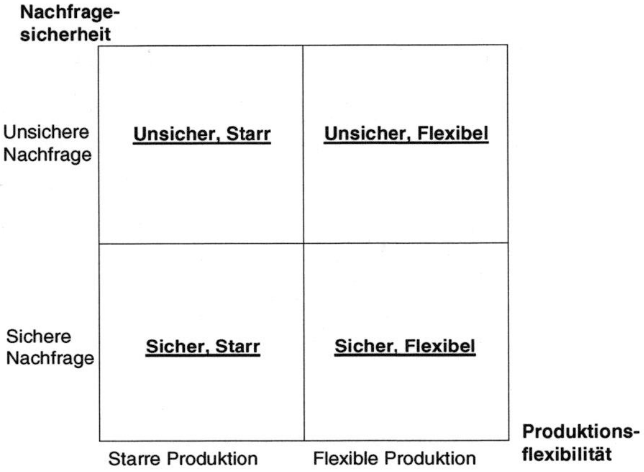

Quelle: Eigene Darstellung

Ein weiteres Segmentierungsmerkmal ist die **Kundenstruktur**. Kunden können ihrer Größe nach eingeteilt werden oder es können weitere Kriterien zur Bildung von Kundensegmenten verwendet werden (z.B. Discounter vs. traditioneller Einzelhandel). Ein Beispiel für eine spezifische Kundensegmentierung beschreiben LAMBERT et al. (1998, S. 51ff) für einen Hersteller von Babynahrung: Für die Distribution von Babynahrung ist die Versorgung von Krankenhäusern und Ärzten kritisch, weil hier die Markenbindung der Eltern zu den Produkten entsteht. Ist die Entscheidung für eine Marke einmal gefallen, kaufen die Eltern Nachschub aus dem Supermarkt. Sie sind dann meist nicht mehr bereit, die Marke zu wechseln und werden daher zu wesentlich anspruchsloseren Kunden. Im vorliegenden Beispielunternehmen werden daher die zwei Segmente "Ärzte/Krankenhäuser" und "Handel" voneinander getrennt analysiert und gemanagt. Als Ergebnis der Segmentbildung konnte der Servicelevel für das kritische Segment der Ärzte und Krankenhäuser wesentlich verbessert werden. Für das getrennt betrachtete, weniger kritische Segment des Handels konnte ein geringerer Sicherheitsbestand eingeplant werden, so dass der Gesamtbestand gleichzeitig sank.

Die **Nachfragesicherheit** beschreibt, ob ein Artikel mit geringem Prognosefehler geplant werden kann oder nicht. Dies kann wesentliche Auswirkungen für das Management der gesamten Lieferkette haben. Am deutlichsten wird der Effekt bei Artikeln mit häufigen Verkaufsfördermaßnahmen (Aktionen). Die Mengensteigerung durch Aktionen kann beträchtlich sein (Abbildung 4-5), in einigen Kategorien werden sogar über 50% des Gesamtumsatzes über Aktionen erzielt. Werden die Aktionen nicht richtig prognostiziert, kann dies zu Lieferausfällen und hohen Kosten in der Supply Chain führen.

ABBILDUNG 4-5: AUSWIRKUNGEN VON AKTIONEN AUF DAS ABSATZVERHALTEN

POS-Daten

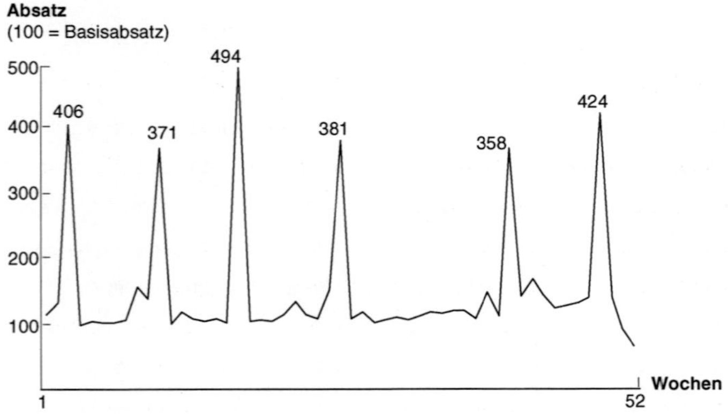

Quelle: Eigene Darstellung

Auch auf der Produktionsseite kann es sinnvoll sein zu segmentieren. Zwar überwiegt in der Produktion von schnelldrehenden Konsumgütern der Fokus auf der Kostenreduzierung gegenüber zeitbezogenen Leistungsdimensionen (FISHER 1997). Dennoch lassen sich die Produktionsstrukturen technologiebedingt nach ihrer **Produktionsflexibilität** segmentieren. Spielen Rüstzeiten eine geringe Rolle und sind Rohstoffe und Verpackungen schnell verfügbar oder lagerbar, ist eine flexible Umstellung der Produktion ohne wesentliche Mehrkosten möglich. Sind beim Produktwechsel in der Produktion jedoch aufwendige Umbauten und Reinigungsprozesse erforderlich, reduziert dies die Flexibilität der Produktion. Ein häufiges Umstellen der Produktionsreihenfolge kann dann zu erheblichen Kosten führen.

Unternehmen, die diese Unterschiede innerhalb ihrer Supply Chain erkennen und einzelne Supply-Chain-Segmente voneinander trennen, können eine höhere Effizienz in der Supply Chain erreichen als Wettbewerber, die das gesamte Spektrum mit einem Standardprozess abwickeln. Welche Kriterien zur Segmentierung am sinnvollsten sind, lässt sich jedoch nicht pauschal beschreiben und abfragen, sondern ergibt sich aus dem Potential der darauf aufbauenden Analysen und Differenzierungsmaßnahmen.

4.2.2. Nutzung der SC-Segmente zur Analyse

Durch die Bildung von Segmenten ist es möglich, einzelne Teile der Supply Chain individuell zu managen und eine Verbesserung von Kosten und Service zu erreichen. Dazu ist allerdings eine detaillierte Analyse der einzelnen Segmente hinsichtlich der bestehenden Kosten- und Servicesituation notwendig. Insbesondere die Aufgliederung von Kostenstrukturen ist aber für viele Unternehmen sehr schwierig. Oft können die spezifischen Kosten und Deckungsbeiträge für einzelne Kunden und Produkte nicht bestimmt werden. Werden die Kosten dann im Rahmen eines Projektes detailliert zugerechnet, stellt sich häufig heraus, dass einige Kunden und Produkte negative Deckungsbeiträge erwirtschaften (COPACINO 1997, S. 142ff).

Die gleichen Ergebnisse lassen sich bei der Analyse von Verkaufsfördermaßnahmen (Aktionen) erzielen. Eine großangelegte Studie von über 5000 Aktionen in mehreren europäischen Ländern zeigt auf, dass 60% der untersuchten Aktionen für die Industrie nicht profitabel sind (BRAUN et al. 2003). Auf der anderen Seite verursachen die Aktionen jedoch einen großen Anteil der Supply-

Chain-Komplexität. Nur wer diese Zusammenhänge erkennt, ist in der Lage, im Rahmen eines differenzierten Supply Chain Managements hieraus Konsequenzen zu ziehen und gegenzusteuern.

Für die detaillierte Umsetzung der Kostenanalyse stehen eine Reihe von Instrumenten und Konzepten zur Verfügung (LALONDE/POHLEN 1996, S. 2ff):

- Direct Product Profitability: Produktbezogene Deckungsbeitragsrechnung mit der direkten Zuordnung aller variablen SC-Kosten zu einzelnen Produkten.
- Activity Based Costing: Zuordnung direkter und indirekter Kosten auf Aktivitäten, die dann nach Inanspruchnahme verrechnet werden.
- Total Cost of Ownership: Analyse der Gesamtkosten eines Lieferanten (oder in der Erweiterung Kunden) inklusive der Kosten vorgelagerter Prozesse.
- Supply Chain Costing: Ausweitung der Instrumente der Kostenanalyse auf die gesamte Wertschöpfungskette (SEURING 2001, S. 121ff).

Die Segmentierung kann beispielsweise dazu führen, dass anhand der unterschiedlichen Nachfragesicherheit und der Größe der Kunden drei Segmente bestimmt werden: In einem ersten Segment wird das Umsatzvolumen ohne Aktionen zusammengefasst. Das zweite Segment besteht aus den Aktionen von kleineren Händlern. Dieses Segment weist im Gegensatz zum ersten Segment zwar höhere Schwankungen auf, ist aber vom Volumen her weniger bedeutend. Das dritte Segment sind die Aktionsmengen von zwei großen Händlern, die erhebliche Schwankungen mit großem Volumen aufweisen.

In dieser Ausgangssituation kann die Analyse auf der Methodik des Activity Based Costing aufbauen. Dabei werden die Kosten aus den Logistik- und Produktionsprozessen detailliert den einzelnen Teilprozessen und Aktivitäten zugeordnet. Diese werden wiederum entsprechend auf die Segmente verteilt. Als Ergebnis ergibt sich eine Kostenrechnung für die einzelnen Segmente, aus der dann weitere Schlussfolgerungen abgeleitet werden können.

Wenn beispielsweise für das Packen von Displays für die Aktionsvolumina der Segmente 2 und 3 zusätzlicher Aufwand entsteht, kann dieser den Segmenten detailliert zugeordnet werden. So kann ebenfalls berücksichtigt werden, dass die Großvolumina aus Segment 3 durch eine bessere Frachtauslastung und die Produktion in großen Losgrößen weniger Kosten verursachen als die anderen Segmente. Ein mögliches Ergebnis wäre, dass Segment 2 bei Zurechnung aller Kosten nicht profitabel ist und daher die entsprechenden Verkaufskonditionen angepasst werden sollten. Für Segment 3 könnte sich ergeben, dass ein positiver Deckungsbeitrag erzielt wird, der aber durch eine gezieltere Abstimmung in der Planung noch verbessert werden könnte. Dementsprechend könnte in einem nächsten Schritt die Planung differenziert werden, um den Bedürfnissen der einzelnen Segmente besser zu entsprechen.

Entsprechende Analysen lassen sich für alle Segmente durchführen, unabhängig von den verwendeten Segmentierungskriterien. Das Ziel ist es jeweils, Erkenntnisse über systematische Unterschiede zwischen den einzelnen Segmenten zu erlangen. Dies ist häufig bei der unterschiedlichen Inanspruchnahme von Kosten entlang der Supply-Chain-Prozesse der Fall. Doch auch nicht-monetäre Größen können entlang der Segmente analysiert werden. So könnte sich z.B. ergeben, dass der Servicelevel ungewollte Unterschiede zwischen den einzelnen Produkt- oder Kundensegmenten aufweist und eine Fehlerquelle für die Unterschiede identifizierbar ist.

4.2.3. Nutzung der SC-Segmente zur Differenzierung

Aufbauend auf der Segmentbildung und der detaillierten Analyse der Segmente kann als nächster Schritt eine Differenzierung vorgenommen werden. Dies kann im einfachsten Fall durch unterschiedliche Parameter innerhalb des selben Systems umgesetzt werden: So kann z.B. die Berechnung des Sicherheitsbestands berücksichtigen, inwieweit die Absatzplanung mit Fehlern behaftet ist. Oder es kann auf der Leistungsseite der angestrebte Zielservicelevel für einzelne Segmente variiert werden.

Im oben erläuterten Beispiel des Herstellers von Babynahrung wird die Segmentierung genutzt, um für die Segmente "Ärzte/Krankenhäuser" und "Handel" unterschiedliche Servicelevel anzustreben (LAMBERT et al. 1998, S. 51ff). Während in den Supermärkten Präsenzlücken teilweise akzeptiert werden können, gilt für die Ärzte und Krankenhäuser das Ziel eines perfekten Servicelevels. Jede Lücke bei einem Arzt bedeutet den Komplettverlust von Kunden an Wettbewerber und ist daher auf jeden Fall zu vermeiden. Wichtig für die Ausgestaltung von Differenzierung in der Supply Chain ist es, wie in diesem Beispiel, wenige, klar trennbare Segmente zu definieren, anhand derer dann differenzierte Leistungspakete bestimmt werden können.

Ein weiteres Beispiel für die effizienzsteigernde Wirkung von Differenzierung in der Supply Chain legen WOUTERS et al. (1999) vor. Sie stellen als Ergebnis einer Untersuchung des niederländischen Pharmazie- und Elektrohandels fest, dass die untersuchten Unternehmen für oft stark divergierende Anforderungen an die Supply Chain nur einen standardisierten Supply-Chain-Prozess einsetzen. Anhand von Pilotprojekten beschreiben sie die Vorteile einer stärkeren Supply-Chain-Differenzierung. Dazu identifizieren sie mehrere Nachschubprozesse, die sich hinsichtlich der Bestandsführung unterscheiden, und teilen die verschiedenen Produktsegmente auf die jeweils kostenoptimalen Nachschubprozesse auf. Je höher der Wert und die Nachfrageunsicherheit eines Produktes sind, desto stärker wird der Bestand zentralisiert und auf früheren Supply-Chain-Stufen gehalten. Dadurch können Servicelevel und Kosten insgesamt optimiert werden.

TORRES/MILLER (1998) zeigen schließlich Beispiele für Differenzierungen der Logistikinfrastruktur in unterschiedlichen Industrien, wie dem Einzelhandel, der Papier- und der Chemieindustrie auf. Grundprinzip der Differenzierungsansätze ist die Erstellung unterschiedlicher Leistungspakete basierend auf den logistischen Anforderungen der Kunden. Für einzelne Kunden im Handel können zum Beispiel gegen Bezahlung zusätzliche Leistungen erbracht werden, wie z.B. eine Vorkommissionierung oder die Erstellung spezieller Displays. Anspruchsvolle Händler werden darüber hinaus mit verbesserten Leistungsparametern bedient (kürzere Lieferzeit, höherer Servicelevel). Dadurch können die Hersteller eine höhere Bindung der Händler erreichen oder teilweise höhere Preise durchsetzen. Die übrigen Händler mit geringeren Anforderungen können dann mit einem kostenreduzierten Basisservice beliefert werden.

Erfolgsfaktor-Hypothese 2:

Segmentierung verbessert den Supply-Chain-Erfolg (Abbildung 4-6).

Die Operationalisierung des Erfolgsfaktors der Segmentierung stellt ausschließlich auf die Nutzung der Segmente zur Analyse und zur Differenzierung ab. Dies ist dadurch begründet, dass die gedankliche Bildung von Segmenten ohne anschließende Nutzung der Erkenntnisse durch Analyse und Differenzierung nicht zu Leistungsverbesserungen führen kann.

Die Analyse von SC-Segmenten wird durch zwei Fragen abgedeckt: Zum einen wird die Umsetzung von Kostenanalysen nach Händlern abgefragt (DiffCoKu). Hier liegt die Segmentierung nach der Kundenstruktur zugrunde. Zum anderen wird der Umsetzungsstand von Deckungsbeitragsanalysen für Aktionen erfasst (DBPromo). Diese Analyse setzt eine Segmentbildung anhand von Nachfragecharakteristika voraus.

Die Differenzierung von SC-Segmenten wird ebenfalls durch zwei Indikatoren erfasst. Eine erste Frage stellt auf die Differenzierung von Kostenstrukturen nach dem Segmentierungskriterium der Produkteigenschaften ab (DiffCoGS). Eine zweite Frage erfasst, inwieweit die Parameter Servicelevel und Lieferzeit entsprechend der Kundenstruktur nach Händlern differenziert werden (DiffServ).

ABBILDUNG 4-6: OPERATIONALISIERUNG DES ERFOLGSFAKTORS SEGMENTIERUNG

Code	Beschreibung	Skalenniveau	Antwortkategorien
	Nutzung der SC-Segmente zur Analyse		
DiffCoKu	Berechnen Sie die Bereitstellungskosten differenziert nach einzelnen Händlern?	Nominal	binär (0/1)
DBPromo	Analysieren Sie den Gesamtkosten/-nutzen von Promotions unter Berücksichtigung von Komplexitätskosten?	Intervall	1 - 6
	Nutzung der SC-Segmente zur Differenzierung		
DiffCoGs	Differenzieren Sie die Preisgestaltung der Produkte unter Einbeziehung von Supply-Chain-Prozesskosten?	Nominal	binär (0/1)
DiffServ	Streben Sie unterschiedliche Servicelevel und Lieferzeiten für einzelne Händler an?	Intervall	1 - 6

Quelle: Eigene Darstellung

4.3. Hypothesen zur Planung/Organisation als Erfolgsfaktor

Planungsprozesse in der Supply Chain lassen sich auf drei Stufen beschreiben, die hierarchisch aufeinander aufbauen und die Planung zunehmend konkretisieren: Absatzplanung, Bedarfsplanung und Feinplanung.

Aufgabe der **Absatzplanung** ist es, die Verkaufsmengen der nächsten Perioden so genau wie möglich einzuschätzen. Das Grundprinzip der Absatzplanung für Konsumgüter ist die Extrapolation vergangener Absatzmengen in die Zukunft unter zusätzlicher Berücksichtigung erwarteter zukünftiger Ereignisse.

Mit der Absatzplanung sind die voraussichtlichen Abgangsmengen festgelegt. Nun müssen in einem nächsten Schritt die Zugänge geplant werden, um die Abgänge bedienen zu können. Dies geschieht im Rahmen der **Bedarfsplanung.** Die Bedarfsplanung entscheidet zum einen über die Höhe des Lagerbestands. Gleichzeitig erfolgen die grobe Planung der Produktion inklusive der Festlegung von Losgrößen und die Koordination der Pläne mit den vorhandenen Ressourcen (TEMPELMEIER 1997, S. 141ff).

Während die bisherigen Planungsschritte mit einem relativ groben Zeitraster vorgehen, dafür aber weit in die Zukunft reichen, muss die Planung in einem letzten Schritt konkretisiert werden. Die kurzfristige Planung von Rohstoffen, Produktions- und Logistikressourcen erfolgt in der **Feinplanung.** Die Feinplanung von Transporten und Lagerwesen, auch als Distributionsplanung bezeichnet, wird jedoch oft von Dienstleistern übernommen, die das Planungsproblem dann für mehrere Kunden gleichzeitig lösen. Im Folgenden wird daher auf die Distributionsplanung nicht eingegangen.

Die Ausgestaltung der Planungsprozesse ist entscheidend für den Erfolg der Supply Chain. Hier entscheidet sich, wie gut die Leistung der Supply Chain hinsichtlich ihrer Servicequalität und der Kosten aussieht, denn durch eine mangelhafte Planung verursachte Probleme und verpasste Kostenpotentiale lassen sich durch operative Exzellenz alleine nicht wieder aufwiegen. Ein gutes Planungssystem erfüllt dabei im wesentlichen drei Bedingungen (MENTZER 2001, S. 158ff): Eine klare Definition der Planungsprozesse (Abschnitt 4.3.1), eine organisatorisch sinnvolle Verankerung der Verantwortung für die Planungsprozesse (Abschnitt 4.3.2) und die Einbeziehung von SC-Partnern in die Planung (Abschnitt 4.3.3).

4.3.1. Klare Definition der Planungsprozesse

Für ein reibungsloses Funktionieren der Planung ist eine klare Beschreibung der Planungsprozesse notwendig. Diese umfasst die Festlegung der einzelnen Planungsschritte und Teilprozesse, die Festlegung der Planungsinhalte inklusive der Planungshorizonte und die Bestimmung eindeutiger Regeln auch für potenzielle Konfliktsituationen.

Neben der klaren Abgrenzung der drei Teilprozesse untereinander ist insbesondere zu beachten, dass die Schnittstellen der operativen Planungsprozesse zu allen wirtschaftlich geprägten Planungen (Vertriebsplanung, Umsatzplanung etc.) klar definiert sind. Die operative Planung soll alleine das Wissen bezüglich der zukünftigen Absatzmengen und die bestmögliche Erfüllung dieser Mengen beschreiben. Für die Vertriebsplanung ist es hingegen legitim, höhere Ziele auch als motivatorische Anreize vorzugeben. Daher ist eine weitgehende Trennung zwischen operativen und wirtschaftlichen Planungswerken sinnvoll (COPACINO 1997, S. 98f). Erfolgt diese Trennung nicht, sind Interessenkonflikte der einzelnen Planer untereinander sowie der übrigen Abteilungen mit den Planern vorprogrammiert. Die Folge ist dann meist ein intransparenter Planungsprozess und fehlendes Vertrauen der übrigen Mitarbeiter in die Ergebnisse der Planung.

Sind die einzelnen Planungsschritte definiert, müssen als nächstes die Planinhalte festgelegt werden. Auf welchen Informationen die Planung aufbaut, bestimmt wesentlich die Qualität des erzielbaren Ergebnisses. Je mehr Informationen in die Planung einfließen, desto besser kann das Ergebnis der Planung werden. In der Absatzplanung heißt dies beispielsweise: Werden vollständige Informationen über Werbemaßnahmen und Aktionen berücksichtigt, kann dies die Vorhersagegenauigkeit erhöhen. Für die Bedarfsplanung gilt: Je stärker schon mittelfristig und langfristig Informationen über begrenzte Produktionskapazitäten (Engpassanlagen, Restriktionen aus der Personalverfügbarkeit etc.) berücksichtigt werden, desto eher wird ein Plan auch kurzfristig in der Produktion umsetzbar sein. Hier ist ebenfalls die Einbeziehung von Kostengrößen sinnvoll, um Trade-off-Entscheidungen (z.B. in der Festlegung von Losgrößen) funktionsübergreifend zu unterstützen.

Im Zusammenhang mit der Informationsbasis der Planungsschritte ist außerdem der Planungszeitraum hinsichtlich Detaillierungsgrad und Planungshorizont festzulegen. Je stärker die Planung detailliert wird, desto aussagekräftiger sind die Ergebnisse, gleichzeitig nimmt die Fehleranfälligkeit zu. Das gleiche gilt für den Planungshorizont: Die Einbeziehung weiter entfernter Perioden eröffnet bessere Entscheidungsmöglichkeiten. Der Absatz ist bis weit in die Zukunft hinein aber nur schwer einzuschätzen. Hier gilt es, für die jeweiligen Produkte den geeigneten Zeitraum zu identifizieren.

Regeln zur zeitlichen Eingrenzung der Planungsprozesse sind zugleich eine gute Möglichkeit, Konflikte zwischen den Planungsbeteiligten einzudämmen. Dazu können die Planungsschritte untereinander durch die Einrichtung von Frozen Periods entkoppelt werden. So wird klar festgelegt, auf welche Vorlaufzeit sich die einzelnen Planungsschritte erstrecken und bis zu welcher Frist noch Änderungen im Plan möglich sind. Die kurzfristige Feinplanung kann z.B. durch eine zweiwöchige Frozen Period dem Zugriff der Bedarfsplanung entzogen werden, die Anpassungen nur noch in klar definierten Ausnahmesituationen zulässt. Dadurch kann eine wesentliche Stabilisierung der Produktion erreicht werden.

Eine weitere Regel, die das Management von Konfliktsituationen erleichtert, ist die Vorgabe von Prioritäten bezüglich Kunden und Produkten, um so Engpässe auszusteuern.

4.3.2. Organisatorische Verankerung der Planungsverantwortung

Aus der organisatorischen Perspektive ist zu fragen, wie die Verantwortung für die einzelnen Planungsschritte sinnvoll verteilt ist. Entscheidungen sollten immer dort getroffen werden, wo die bestmögliche Informationsbasis zur Verfügung steht. Darüber hinaus lässt sich die Qualität der Ergebnisse durch eine klare Zuordnung von Verantwortlichkeiten und eine systematische Zurechnung von Erfolgen und Fehlern verbessern.

Bei der organisatorischen Verankerung der Planungsprozesse sind zwei zusammenhängende Gestaltungsentscheidungen von Interesse:

- Wie hoch ist der Integrationsgrad, also die Bündelung der Planungsaktivitäten? (Das heißt, liegt die Planung in einer Hand oder ist sie über mehrere Abteilungen verteilt?)

- Welche Funktion übernimmt die Hauptverantwortung für die Planungsprozesse?

Bezüglich des **Integrationsgrads** für die Planungsprozesse gilt grundsätzlich, dass eine Bündelung der Planungsaktivitäten aus mehreren Gründen sinnvoll sein kann. Zum einen wird die Motivation und Identifikation der Planer mit ihren Planungsergebnissen gefördert, wenn es eine eigene Planungsabteilung gibt. Die Planungsverantwortung ist dann klar sichtbar und nicht über eine Vielzahl von Funktionen und Abteilungen aufgeteilt. Auch eine stärkere Professionalisierung der Planung ist besser zu erreichen, wenn eine eigene Planungsabteilung sich intensiv mit Planungsmethoden beschäftigen kann. Schließlich ist die Kommunikation der Planer untereinander besser, wenn der Austausch innerhalb einer Abteilung erfolgt (MENTZER 2001, S. 162ff).

Gegen die starke Integration der Planung in einer Abteilung spricht jedoch der erschwerte Zugang der Planer zu Informationen außerhalb ihrer Abteilung. Aus der Perspektive der Informationsverfügbarkeit wäre daher die Verteilung der Planungsverantwortung auf möglichst viele Stellen sinnvoll. Es kann aber auch bei hoher Integration der Planung eine breite Abstimmung und eine hohe Akzeptanz erreicht werden. Dazu müssen bei klarer Hauptverantwortlichkeit einer Planungsabteilung gleichzeitig andere Abteilungen durch Koordinationstreffen einbezogen werden (SMITH et al. 1998, S. 127ff). Darüber hinaus müssen die externen Abteilungen für die Qualität der von ihnen gelieferten Daten verantwortlich gemacht werden. Das Ausmaß von Konflikten zwischen den unterschiedlichen Abteilungen ist ein guter Indikator dafür, inwieweit die Abstimmung gelingt.

Hinsichtlich der horizontalen Verteilung der **Hauptverantwortung für die Planungsprozesse** lassen sich vier Organisationsmodelle beschreiben, die sich vor allem hinsichtlich der Ausgestaltung der Bedarfsplanung unterscheiden (Abbildung 4-7).

In Organisationsmodell 1, dem "Vertriebsmodell", setzt der Vertrieb die Absatzplanung direkt in eine Bedarfsplanung um und übernimmt so die Hauptverantwortung für die Planungsergebnisse inklusive der Verantwortung für die Bestände. Die Produktion hat nur noch wenig Spielraum bei der Planung, sie kann allenfalls den vorliegenden Bedarfsplan auf Umsetzbarkeit überprüfen und evtl. unter Produktionsgesichtspunkten modifizieren. Falls Daten aus mehreren Vertriebsorganisationen aggregiert werden müssen, werden in der Produktion nun die Produktionslose zusammengefügt.

Organisationsmodell 2, das "Logistik-Modell", konzentriert die Absatz- und Bedarfsplanung in einer Abteilung, die von Vertrieb und Produktion unabhängig ist. Die Verantwortung für die Planungsergebnisse, wie Bestand und Servicelevel, liegt schwerpunktmäßig bei der Planungsabteilung. Vertrieb und Produktion bereiten die Planung durch Datensammlung vor und setzen die Pläne um. Die Planungsabteilung wird oft von der Logistik verantwortet oder unter dem Namen "SCM" geführt. Zum Aufgabenumfang dieser Planungsabteilung gehört auch die Moderation von Konflikten.

ABBILDUNG 4-7: VIER ALTERNATIVE ORGANISATIONSMODELLE FÜR DIE PLANUNGSPROZESSE

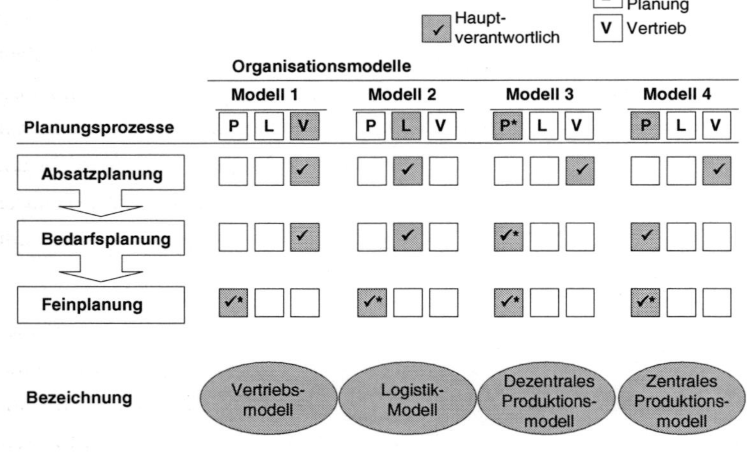

* Dezentraler Planungsschritt - Hauptverantwortung in den Werken
Quelle: Eigene Darstellung

In den Organisationsmodellen 3 (Dezentrales Produktionsmodell") und 4 ("Zentrales Produktionsmodell") übernimmt die Produktion die Hauptverantwortung für die Planung. Der Vertrieb plant die voraussichtlichen Absatzmengen und ist dann mit der operativen Erfüllung dieser Mengen nicht mehr befasst. Die Produktion hat in diesem System die volle Planungshoheit in der Bedarfs- und

Feinplanung und kann bei guter Planungsgenauigkeit in der Absatzplanung weitgehend autonom handeln. Wenn eine Zuordnung der Produkte auf einzelne Werke möglich ist, kann die Planung wie in Organisationsmodell 3 dezentral erfolgen. Soll die Aufteilung auf die Werke im Rahmen der Planung erfolgen, ist eine zentralisierte Planungsinstanz notwendig (Organisationsmodell 4). Oft beinhaltet der Aufgabenumfang der Produktion in einem zentralen Produktionsmodell auch die operative Logistik, dann sind die kompletten operativen Prozesse unter einer Führung gebündelt.

Die Bewertung der Modelle basiert auf der Lösung der Schnittstellenproblematik. Die Zusammenfassung von Aufgaben innerhalb einer Abteilung erleichtert sowohl die formelle Koordination als auch den informellen Austausch von Informationen. Schnittstellen zwischen den verschiedenen Aufgaben einer einzigen Abteilung sind daher sehr effizient lösbar. Schnittstellen zwischen verschiedenen Abteilungen erfordern einen höheren Aufwand zur Abstimmung (MENTZER 2001, S. 376ff). Durch die Organisationsstruktur wird also festgelegt, welche Schnittstellen tendenziell reibungslos ablaufen und wo zusätzlich zu der Aufbauorganisation weitere Maßnahmen zum Management der Schnittstellen notwendig werden (FRESE 1995, S. 24ff). In Modell 1 sind Vertrieb und operative Planung organisatorisch integriert. In Modell 2 ist der Austausch zwischen den einzelnen Planungsstufen erleichtert. Modelle 3 und 4 integrieren schließlich operative Planung und Produktion.

Welches Organisationsmodell am sinnvollsten ist, muss für jedes Unternehmen individuell entschieden werden. Generell kann jedoch aufgrund der hohen Bedeutung der Prozesskosten der Produktion im Vergleich zu den anderen Kostenblöcken abgeleitet werden, dass die Produktionsschnittstelle von besonderer Bedeutung ist. Daher spricht vieles dafür, dass die Verantwortung der Bedarfsplanung inklusive der Bestandsverantwortung durch die Produktion sinnvoll ist (Organisationsmodelle 3 und 4). Auch das Organisationsmodell 2 mit einer neutralen, aber gut informierten und in der Produktion bewanderten Logistik-Planungsfunktion kann diese Anforderungen erfüllen. Dass der Vertrieb bei der Umsetzung des Organisationsmodells 1 auch die Optimierung der

Produktionskosten berücksichtigen kann, erscheint hingegen weniger wahrscheinlich.

4.3.3. Einbeziehung von SC-Partnern in die Planung

Der bisherige Abschnitt bezog sich jeweils auf einen einzelnen Hersteller. Effiziente Planungsprozesse machen jedoch nicht an den Unternehmensgrenzen halt. An der Schnittstelle zu den Händlern können ähnliche Überlegungen angestellt werden wie für einen einzelnen Hersteller. Wenn umfassende Informationen der Handelspartner in die Planung einbezogen werden oder wenn die Abgrenzung der Planungsprozesse an der Schnittstelle Hersteller-Händler und das Vorgehen bei Konfliktsituationen, wie z.B. Engpässen, gemeinsam klarer definiert wird, so kann dies wesentlich zu einer hohen Planungsqualität beitragen (MENTZER 2001, S. 168ff).

So können beispielsweise POS-Daten aus dem Handel zur Unterstützung der Absatzplanung beim Hersteller eingesetzt werden. Dadurch können alle Supply-Chain-Partner auf der selben Informationsbasis planen. Die Informationsbruchstellen zwischen den Unternehmen entfallen (MASON-JONES/TOWILL 1999, S. 13ff). Allerdings sind auch diese Daten vergangenheitsorientiert und erhöhen die Aktualität der Planungsbasis nur um wenige Tage oder Wochen. Deshalb wird verstärkt nach zukunftsgerichteten Verbesserungen der Planung gesucht.

Eine weiter auf die Zukunft gerichtete Zusammenarbeit bei der Absatzplanung kann z.B. darin bestehen, dass der Handel seine Absatz- und Aktionsplanung an die Hersteller weitergibt. Diese Überlegung greift das Konzept des Collaborative Planning, Forecasting, and Replenishment (CPFR) auf, das einen beidseitigen Austausch bei der Absatzplanung vorsieht. Hier planen Industrie und Handel den Absatz nicht mehr separat, sondern tauschen im Vorfeld in einem neunstufigen Prozess Prognosen aus und diskutieren abweichende Einschätzungen (Abbildung 4-8). Der Zeitraum für die gemeinsame Planung umfasst in der Regel drei Monate und erlaubt so die frühzeitige Erkennung und Korrektur von Fehlern (SEIFERT 2002, S. 45ff).

ABBILDUNG 4-8: CPFR-PROZESS IN NEUN STUFEN

Quelle: Treeck/Seishoff 2002, S. 148

Erfolgsfaktor - Hypothese 3:

Ein gutes Planungssystem verbessert den Supply-Chain-Erfolg (Abbildung 4-9).

Ein gutes Planungssystem ist dadurch gekennzeichnet, dass es Planungsprozesse klar definiert, die Verantwortung für die Planung organisatorisch klar regelt und SC-Partner in die Planung mit einbezieht.

Zur Operationalisierung der unternehmensinternen Klarheit der Planungsprozesse wird eine subjektive Abfrage verwendet, bei der die Interviewteilnehmer insbesondere die Transparenz der Planungsprozesse bewerten sollen (Plan++). Dieses subjektive Kriterium wird durch ein objektives Kriterium ergänzt: Die Verwendung von Frozen Periods (FreezeP) wird als Beispiel für ein klares Regelwerk zur Rahmengebung für den Planungsprozess erfasst.

ABBILDUNG 4-9: OPERATIONALISIERUNG DES ERFOLGSFAKTORS PLANUNG/ORGANISATION

Code	Beschreibung	Skalen-niveau	Antwort-kategorien
Plan++	**Klare Definition der Planungsprozesse** Würden Sie Ihre Planung als übersichtlich und durchschaubar bezeichnen?	Intervall	1 - 6
FreezeP	Setzen Sie eine Frozen Period für die Planung ein?	Nominal	binär (0/1)
Verantw	**Organisatorische Verankerung der Planungsverantwortung** Ist die Supply-Chain-Gesamtverantwortung für Produktion, Logistik und Materialwirtschaft in einer Hand?	Intervall	1 - 6
3intKooP	Würden Sie die interne Zusammenarbeit zwischen Produktion, Vertrieb und Logistik als exzellent bezeichnen?	Intervall	1 - 6
Orgamod	Wer ist verantwortlich für SC-Planung?	Nominal	4 Modelle
POSForec	**Einbeziehung von SC-Partnern in die Planung** Erstellen Sie eine Absatzprognose auf Basis der POS-Daten der Händler?	Intervall	1 - 6
CPFR	Erstellen Sie eine gemeinsame Absatzprognose mit den Händlern?	Intervall	1 - 6

Quelle: Eigene Darstellung

Für die Operationalisierung der organisatorischen Verankerung werden drei Datenpunkte erhoben. Zum einen wird der Integrationsgrad der SC-Planung erfasst (Verantw). Zum anderen wird erfasst, wie gut die Zusammenarbeit zwischen den an der Planung beteiligten Funktionen ist (3intKooP). Eine schlechte Zusammenarbeit gilt als Indikator für eine unzureichende organisatorische Regelung der Planungsprozesse. Schließlich wird die SC-Organisation im Gespräch beschrieben und einer der vier beschriebenen idealtypischen Organisationsformen zugeordnet (Orgamod).

Die Operationalisierung der Einbeziehung von SC-Partnern geschieht durch die Abfrage von zwei Instrumenten. Zuerst wird bestimmt, in welchem Umfang in einer einseitigen Einbeziehung die Hersteller POS-Daten von den Händlern für die Planung verwenden (POSForeC). Da es für POS-Daten auch alternative Verwendungsmöglichkeiten gibt (z.B. im Marketing), war die Abfrage des Datenaustauschs schon an früherer Stelle im Kontext der Kooperation erfolgt und wird an dieser Stelle um die Frage nach der Verwendung der Daten erweitert. Die gegenseitige Einbeziehung durch die Absprache der Planungsergebnisse wird als zweites Instrument abgefragt (CPFR).

4.4. Hypothesen zu den operativen SC-Prozessen als Erfolgsfaktor

In den operativen Supply-Chain-Prozessen des Einkaufs, der Produktion und der Logistik werden schon seit langem eine Vielzahl von Optimierungsmöglichkeiten diskutiert. Die klassischen Verbesserungsprogramme setzen dabei vor allen Dingen auf eine Verbesserung der Effizienz, zum Beispiel durch eine Optimierung der Infrastruktur oder der Linieneffizienz. Neben diesen unternehmensspezifischen Maßnahmen zielt die Einführung von SC-Standards wie Palettenstandards, Barcoding etc. auf die Erhöhung der operativen Effizienz an der Schnittstelle Hersteller - Händler ab (SEIFERT 2001, S. 138ff).

Darüber hinaus sind jedoch im Rahmen der SCM-Konzepte weitergehende innovative Maßnahmen in der Diskussion. Ausgangspunkt dieser innovativen Konzepte ist die Beobachtung, dass sich Nachfrageschwankungen über die einzelnen SC-Stufen hinweg verstärken, wenn jede SC-Stufe separat optimiert wird (Peitscheneffekt). Abbildung 4-10 illustriert anhand von realen Daten eines Konsumgüterherstellers eine typische Übertragung von Abverkaufsschwankungen über die verschiedenen Stufen der Supply Chain hinweg.

Die Ursachen für die sich verstärkenden Schwankungen sind vielseitig (LEE et al. 1997). Zu nennen sind insbesondere die Periodizität der Absatzplanung und deren Aktualisierung, das Zusammenfassen von Aufträgen, um Mindestgrößen zu erreichen, sowie Preisschwankungen, insbesondere im Rahmen von Aktionen.

ABBILDUNG 4-10: DER PEITSCHENEFFEKT: AUSWIRKUNGEN VON AKTIONEN AUF DIE STATIONEN DER LIEFERKETTE

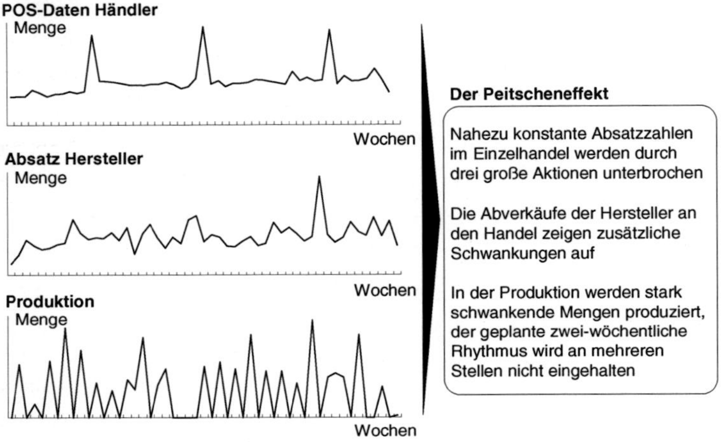

Quelle: Eigene Darstellung

Um die Ursachen der "Peitschen" zu beseitigen, bieten sich zunächst strukturelle Veränderungen an, die auf die Preis- und Konditionenpolitik des Unternehmens abzielen (SIMCHI-LEVI et al. 2000, S. 91ff). Insbesondere ein Verzicht auf Aktionen kann erheblich zu einer Glättung der Nachfrage beitragen. In Deutschland sieht die Mehrzahl der Hersteller und Händler jedoch weiterhin eine große Bedeutung von Aktionen für den preisgetriebenen deutschen Konsumgütermarkt (TREECK/SEISHOFF 2002), so dass hier auch in Zukunft nur wenig Bewegung zu erwarten ist.

Daher wird verstärkt nach Möglichkeiten gesucht, die Flexibilität der Supply Chain zu erhöhen. Dies geschieht zum einen über eine Verkürzung der Reaktionszeit innerhalb der einzelnen Stufen. Zum anderen wird die Aufgabenteilung zwischen den Stufen hinterfragt. Dabei wird ebenfalls die Vergabe von Aktivitäten an Dritte angestrebt. Durch die Anwendung dieser Optimierungsansätze verspricht man sich eine wesentliche Erhöhung der Flexibilität sowohl im Deliver-Prozess (Abschnitt 4.4.1), als auch in den Prozessen Source und Make (Abschnitt 4.4.2).

4.4.1. Flexibilität im Deliver-Prozess

Optimierungen im Deliver-Prozess setzen in erster Linie am Warenfluss an. Durch Veränderungen in der Eignerschaft der Logistikprozesse und durch die Zentralisierung der Logistikstruktur kann eine deutliche Reduktion von Distributionskosten sowie ein erheblicher Zugewinn an Flexibilität erreicht werden. Darüber hinaus können auch veränderte Informationsflüsse und Dispositionsprozesse zu höherer Flexibilität beitragen.

Viele Unternehmen der Konsumgüterindustrie stellen fest, dass der Betrieb von Lagerstandorten und die Koordination der Transporte nicht zu ihren Kernkompetenzen zählen. Sie wählen deshalb den Weg des Outsourcings ihrer Logistikaktivitäten und beauftragen Dienstleister mit der Durchführung der Logistik. Durch die Bündelung der Logistik mehrerer Unternehmen bei einem Dienstleister ergeben sich für die einzelnen Unternehmen größere Kapazitätsspielräume und eine höhere Flexibilität. Nicht zuletzt schlägt sich die verbesserte Kapazitätsauslastung meist auch in geringeren operativen Kosten nieder. Ein alternativer Weg zur Bündelung von Materialflüssen und der besseren Kapazitätennutzung ist das Eingehen einer Logistikkooperation mit einem anderen Konsumgüterhersteller. Auch hier können oft wesentliche Vorteile erreicht werden (BALLOU 1999, S. 627ff).

In den Logistikstrukturen ist zudem eine zunehmende Zentralisierung durch die Umstellung auf Zentrallagerlogistik im Handel sichtbar. Für die Hersteller vereinfacht sich die Logistik dadurch wesentlich (FERNIE et al. 2000). Regionale Lagerstrukturen der Hersteller können reduziert werden. Durch eine zentralisierte Lagerhaltung kann die genaue Verwendung eines Artikels dann länger offengehalten werden, als wenn eine frühzeitige Verteilung auf regionale Lagerstandorte erfolgt. Die Flexibilität erhöht sich, der notwendige Bestand sinkt (BOWERSOX/CLOSS 1996, S. 471ff). Den Vorteilen aus der veränderten Struktur müssen allerdings Konditionsforderungen des Handels gegenübergestellt werden. Das Selbstabholungssystem der Metro, in dem der Handel die Systemführerschaft in der kompletten Logistikkette übernimmt, führt die Übernahme von Logistikprozessen durch den Handel derzeit weiter (METRO MGL

LOGISTIK 2002). Durch die Nutzung von Dienstleistern kommt das System nahezu ohne eigene Infrastruktur aus und ist so extrem flexibel anpassbar.

Zusätzlich zu den Veränderungen im Warenfluss können im Rahmen einer Vendor Managed Inventory (VMI) - Kooperation auch die Informationsflüsse und Dispositionsprozesse im Deliver-Prozess verändert werden. Dabei übernimmt der Konsumgüterhersteller die Bestandsdisposition für einen Handelspartner (SEIFERT 2001, S. 124ff).

ABBILDUNG 4-11: FUNKTIONSPRINZIP VENDOR MANAGED INVENTORY (VMI)

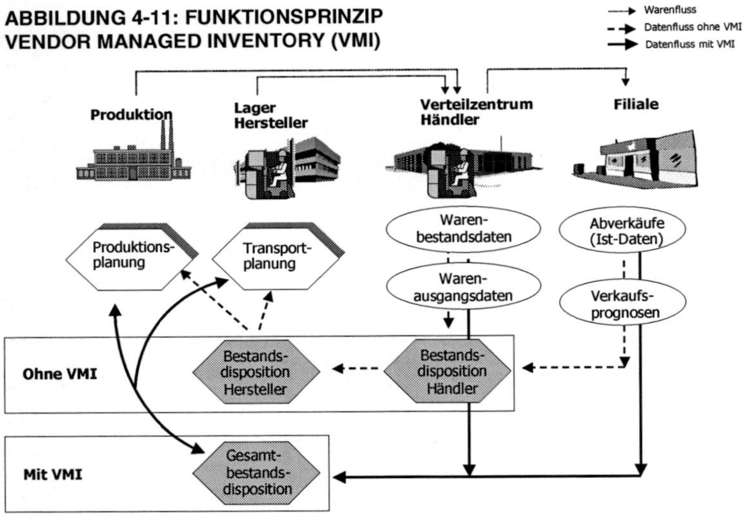

Quelle: Eigene Darstellung

Der Ablauf der VMI-Prozesse erschließt sich am einfachsten durch den Vergleich mit den klassischen Dispositions- und Auslieferprozessen (Abbildung 4-11). Die zugrundeliegende logistische Infrastruktur besteht vereinfachend aus den vier Stufen Produktion, Lager des Herstellers, Lager des Händlers und den Filialen, die vom Warenfluss schrittweise durchlaufen werden. Bei der Planung dieser Warenflüsse herrscht klassischerweise Aufgabenteilung zwischen Industrie und Handel mit einer sukzessiven Arbeitsweise vor. Der Handel disponiert das Handelslager auf der Basis der Lagerabgangsdaten (oder in einem vernetzten

System unter der Berücksichtigung von Abverkaufsinformationen aus den Filialen). Die so generierten Bestellungen werden der Hersteller übermittelt und dann von ihm erfüllt. Der Hersteller versucht dabei auf der Basis von bestehenden Bestellungen und von Prognosen zukünftiger Absätze die eigenen Lager- und Produktionsstrukturen optimal zu steuern.

Mit VMI wird die getrennte, zweistufige Disposition von Hersteller und Händler stärker integriert. Der Hersteller übernimmt zusätzlich zum eigenen Lager die Verantwortung für den Bestand im Handelslager und teilweise auch in den Filialen. Dazu stellt der Händler regelmäßig erweiterte Informationen über seine Lagerabgangs- und Bestandsdaten und evtl. auch über Filialdaten zur Verfügung. Mit dieser erweiterten Datenbasis erstellt der Hersteller nun einen integrierten Nachschubplan für Handels- und Industrielager. Zum Abschluss generiert er die konkreten Bestellungen. Für die Implementierung von VMI stehen standardisierte Softwarepakete zur Verfügung. FICK (2001) schildert beispielsweise den Einsatz von Manugistics bei Reckitt Benckiser.

Bei der gesamthaften Disposition im Rahmen der VMI-Prozesse ergibt sich für den Disponenten des Herstellers ein vergrößerter Handlungsspielraum. Diesen kann er zur Erlangung wesentlicher Vorteile nutzen: Die Liefermengen können unter Optimierung der Frachtkosten und unter Berücksichtung der aktuellen Bestandshöhe flexibel bestimmt werden. Produktionspläne und Warenlieferungen können dadurch besser aufeinander abgestimmt werden, insbesondere bei Aktionsmengen oder bei möglichen Engpässen. Dies führt zu einer gleichzeitigen Verbesserung des Servicelevels und der Reduktion der Frachtkosten, und es ergibt sich ein wesentliches Potential für die Glättung und Verbesserung der Bedarfsplanung. Auf der Seite des Handels sind schließlich eine Bestandsreduktion, ein höherer Servicelevel und ein reduzierter Arbeitsaufwand als Vorteile zu verzeichnen (SIMCHI-LEVI et al. 2000, S. 93ff).

Eine Vielzahl von Fallbeispielen zeigt positive Effekte von VMI auf. dm-drogerie markt und Henkel berichten zum Beispiel von einer Erhöhung des Servicelevels von 95% auf 99% bei gleichzeitiger Bestandsreduktion im Handelslager um 25% (BAUMGART et al. 2002, S. 156ff). CLARK/LEE (2000) bestätigen diese

Wirkung durch eine Umfrage bei 19 amerikanischen Einzelhändlern. Sie erfassen eine durchschnittliche Bestandsreduktion von 40% und eine Erhöhung des Servicelevels um 1,7% durch die Umsetzung von VMI-Prozessen. Eine weitere breit angelegte empirische Untersuchung aus den USA zeigt einen positiven Zusammenhang zwischen der Umsetzung von VMI oder verwandten Konzepten und wesentlichen SC-Leistungsdimensionen auch für die Industrie auf, verwendet hierzu aber rein subjektive Leistungseinschätzungen und kann daher die Wirkung nicht quantifizieren (ELLINGER et al. 1999).

4.4.2. Flexibilität in den Prozessen Source und Make

Um Absatzschwankungen bewältigen zu können, stellen sich hohe Anforderungen an die Flexibilität: Zum einen ist die Flexibilität bezüglich des Produktmixes notwendig, um schnell zwischen unterschiedlichen Produkten wechseln zu können. Zum anderen ist Volumenflexibilität notwendig, um Bedarfsspitzen erfüllen zu können (HOOVER 2001, S. 132ff).

Um die Flexibilität im Produktmix zu erhöhen, bietet sich zunächst eine Optimierung der Abläufe der Fabrik an. Das Instrumentarium hierzu besteht aus einer Vielzahl von Einzelmaßnahmen wie der Verkürzung von Rüstzeiten und Durchlaufzeiten, der Erhöhung der Prozesssicherheit, der Fertigungssegmentierung etc. (WILDEMANN 2000). Viele der Maßnahmen werden seit längerer Zeit zur Optimierung der Produktion eingesetzt. Unternehmen, die traditionell großen Wert auf die effiziente Abwicklung der Produktionsprozesse legen, haben daher viele der Maßnahmen bereits umgesetzt.

Durch eine Umgestaltung der Materialflüsse kann zudem die Spezifikation von Produkten nach hinten verschoben werden (Postponement). Dadurch lässt sich die genaue Bestimmung eines Artikels länger zwischen verschiedenen Endverwendungen offen halten. Als Beispiel für Postponement in den Make-Prozessen beschreibt DAVIS (1993) wie Hewlett-Packard den Prozess der Druckerproduktion verändert. Anstatt die Drucker schon mit landesspezifischen Merkmalen wie Netzstecker etc. ab Werk auszustatten, werden die Drucker als neutrale Modelle zentral gelagert. Die Anpassung an landesspezifische Anforderungen erfolgt dann kurzfristig auf der Basis aktueller Bedarfszahlen. Auf diese Weise können Bedarfsspitzen zwischen einzelnen Märkten besser ausgeglichen werden.

Ein anderes Beispiel kommt aus der Farbindustrie, wo eine farblose Grundmischung erst in einem letzten Schritt durch die Zugabe von Farbpigmenten zum modisch stark schwankenden Endprodukt differenziert werden kann (MASON-JONES/TOWILL 1999). Für der Konsumgüter ist als erster Schritt oft erst noch eine Angleichung der Artikel notwendig. So können z.B. europaweit harmonisierte Flaschenformate nationale Flaschenformen ersetzen und eine höhere Flexibilität im Produktmix ermöglichen.

Die Schaffung von Volumenflexibilität stellt zusätzliche Herausforderungen an die Produktion. Lösungen sind hier vor allem in der flexibleren Personaleinsatzplanung und in der Fremdvergabe von Bedarfsspitzen an Koproduzenten zu sehen (MRONCZKA et al. 2002, S. 149ff; SEURING 2001, S. 42ff). Für die Konsumgüterindustrie ist insbesondere die Erstellung von Displays eine relevante Tätigkeit, bei deren Fremdvergabe nicht der Verlust von Kernkompetenzen befürchtet werden muss. Da Displays oft für einzelne Aktionen speziell erstellt werden, ergeben sich hierfür extreme Bedarfsspitzen, die durch eigenes Personal nur schwer zu bewältigen sind. Die Einbeziehung von Koproduzenten bietet eine effiziente Möglichkeit, die Flexibilität zu erhöhen.

Erfolgsfaktor - Hypothese 4:

Flexibilität in den operativen SC-Prozessen verbessert den Supply-Chain-Erfolg (Abbildung 4-12).

Zur Operationalisierung der Instrumente im Deliver-Prozess wird der Umsetzungsstand der drei wichtigsten angesprochenen Konzepte erfasst. Die erste Frage erfasst, ob der Hersteller die Lageraktivitäten outgesourct hat (Outsourc). Die zweite Frage misst den Zentralisierungsgrad der Logistik durch den Anteil der Zentrallagerlieferungen beim Handel (LogZ). Die dritte Frage erfasst den Umsatzanteil, der durch VMI-Prozesse abgewickelt wird (VMI).

Die Operationalisierung der Make- und Source-Prozesse muss etwas allgemeiner angegangen werden, da die Gesprächspartner meist aus den Bereichen Vertrieb/Logistik stammen. Dazu wird zum einen erfasst, welchen Stellenwert die Reduktion der Produktionskosten bei den unternehmensinternen Zielprioritäten besitzt (ZielProd). Eine hohe Priorität für die Produktionskosten deutet darauf hin, dass die Produktion effizient gemanagt und konsequent optimiert wird. Zum anderen wird nach der subjektiven Einschätzung der Produktionsflexibilität gefragt. Dazu wird abgefragt, welcher Anteil des Produktionsvolumens als flexibel eingeschätzt wird (Flexibel). Dies kann auch ein Vertriebsmanager als interner Kunde der Produktion aus seiner Sicht gut beurteilen. Die Flexibilität in den Source-Prozessen geht als Voraussetzung für Produktionsflexibilität mit in die Fragen ein, kann aber nicht separat erfasst werden.

ABBILDUNG 4-12: OPERATIONALISIERUNG DES ERFOLGSFAKTORS OPERATIVE SC-PROZESSE

Code	Beschreibung	Skalenniveau	Antwortkategorien
	<u>Flexibilität im Deliver-Prozess</u>		
Outsourc	Betreiben Sie Outsourcing von Logistik?	Nominal	binär (0/1)
LogZ	Welchen Anteil haben Zentrallagerlieferungen beim Handel?	Ratio	0% - 100%
VMI	Für welchen Anteil vom Umsatz übernehmen Sie die Bestandssteuerung im Handelslager (VMI)?	Ratio	0% - 100%
	<u>Flexibilität in den Prozessen Source und Make</u>		
ZielProd	An welcher Stelle steht das Ziel Produktionskostenreduktion?	Ordinal	Rang 1 - 7
Flexibel	Für welchen Anteil des Volumens können kurzfristige Änderungen im Produktionsplan (+/- 50%, eine Woche Vorlauf) problemlos umgesetzt werden?	Ratio	0% - 100%

Quelle: Eigene Darstellung

4.5. Hypothesen zu IT-Systemen als Erfolgsfaktor

Ein wesentlicher Treiber für die Entwicklung und Umsetzung neuer Supply-Chain-Konzepte ist der Fortschritt der Informationstechnologie (IT). SCM teilt daher mit Konzepten wie dem Business Process Reengineering, die ebenfalls stark auf veränderten technologischen Rahmenbedingungen aufsetzen, die Probleme bei der Bewertung des IT-Nutzens (BURGESS 1998). Die spezifischen Effekte von verstärktem IT-Einsatz sind nur schwer von den inhaltlichen Veränderungen zu isolieren und empirisch zu untersuchen (WEITZENDORF 2000, S. 13ff).

Entscheidend für den Erfolg der Supply Chain scheint aber weniger der Einsatz der neuesten Technologie in punktuellen Supply-Chain-Lösungen zu sein, als vielmehr die überzeugende Gesamtkonzeption und durchgehende informationstechnologische Unterstützung der SC-Prozesse.

Neue IT-Lösungen setzen dazu zunächst bei der Verbesserung der unternehmensinternen Kommunikation und Datenverfügbarkeit an (Abschnitt 4.5.1). Weiterhin wird auch die unternehmensübergreifende Kommunikation automatisiert und erweitert (Abschnitt 4.5.2). Schließlich erlaubt eine weitergehende inhaltliche Unterstützung vor allem der Planung ein effizienteres Management der Supply-Chain-Prozesse (Abschnitt 4.5.3).

4.5.1. Unternehmensinterne Datenverfügbarkeit

Die Datenverfügbarkeit über Abteilungen und Prozesse hinweg hat sich in den letzten Jahren erheblich verbessert. Grund hierfür ist die Einführung von Enterprise Resource Planning (ERP) - Systemen. Ohne ERP-Systeme werden Daten nur lokal gespeichert und mit hohem manuellen Aufwand bearbeitet. Dies geschieht meist in funktional ausgerichteten Teilprozessen, die von einzelnen Abteilungen autonom durchgeführt werden. Daten mit den Ergebnissen der Teilprozesse werden von einer Abteilung an die nächste kommuniziert. Ein direkter gegenseitiger Datenzugriff besteht hingegen nicht. Dadurch werden die

Prozesse stark verlangsamt. Gleichzeitig leidet unter der Aufsplitterung der IT-Systeme auch die Datenqualität, sowohl was die Genauigkeit als auch was die Aktualität der Daten angeht.

Die Einführung von ERP-Systemen und die Zentralisierung von Daten in Data-Warehouse-Lösungen gehen in dieser Situation Hand in Hand mit wesentlichen Vereinfachungen der operativen Prozesse (BALLOU 1999, S. 110ff). Ein ERP-System leistet insbesondere die Verknüpfung von Vertriebsinformationen, Bonitätsinformationen, Lagerinformationen und Auftragsinformationen.

Je besser die Systeme gepflegt werden, desto aktueller und zuverlässiger sind die Daten. Inzwischen werden auch funkgesteuerte Technologien (RFID) zur Identifikation von Produkten getestet, die eine noch schnellere und genauere Identifikation von Paletten und Inhalt ermöglichen (RICHMOND et al. 1998, S. 512). Ergebnisse sind eine weitere Verbesserung der Genauigkeit von Lagerdaten sowie wesentliche Einsparungen bei den Kosten des operativen Lagerbetriebs.

Die bessere Datenverfügbarkeit erlaubt nicht zuletzt auch organisatorische Veränderungen. An die Stelle der rein funktionalen Arbeitsweise tritt zunehmend eine stärkere Prozessperspektive und die übergreifende Betrachtung der Arbeitsschritte. Möglich wird dies durch die veränderte Systemlandschaft, in der ein Großteil der Daten zentral verwaltet wird und simultan durch die einzelnen Prozessbeteiligten bearbeitet werden kann (RICHMOND et al. 1998, S. 512f).

4.5.2. Interorganisationale SC-Kommunikation

Während die umfassende Implementierung von ERP-Systemen die Kommunikation entlang der internen Prozesse eines Unternehmens erhöht, ist Electronic Data Interchange (EDI) ein Instrument zur Verbesserung der Kommunikation und des Datenflusses zwischen verschiedenen Organisationen. Durch EDI wird der Austausch von Geschäftsnachrichten automatisiert über ein Telekommunikationsnetz von einem Computer auf einen anderen übertragen. Da die Kommunikation auf diese Weise zwei Computersysteme integriert, entfällt der menschliche Eingriff etwa beim Lesen oder Eintippen von Daten (DÖRFLEIN/HENNIG 2000, S. 181ff).

Damit die Datenübertragung von Computer zu Computer reibungslos funktioniert, müssen im Vorfeld das Format und die Bedeutung der übertragenen Nachrichten genau bestimmt werden (NIGGL 1994, S. 2ff). Um die bilaterale Abstimmung zwischen den einzelnen Partnern zu erleichtern und einen offenen Kommunikationsaustausch auch mit mehreren Partnern zu ermöglichen, liegen die Nachrichtenformate in standardisierter Form vor. Die ehemals nationalen Standards (z.B. SEDAS) werden dabei zusehends durch die international gültigen EANCOM-Formate ersetzt. Eine Übersicht über den Umsetzungsstand der einzelnen Nachrichten in Deutschland liegt in Abbildung 4-13 vor (CCG 2001).

ABBILDUNG 4-13: ÜBERSICHT EDI-NACHRICHTEN

Anteil Unternehmen mit Verwendung der Nachricht in %

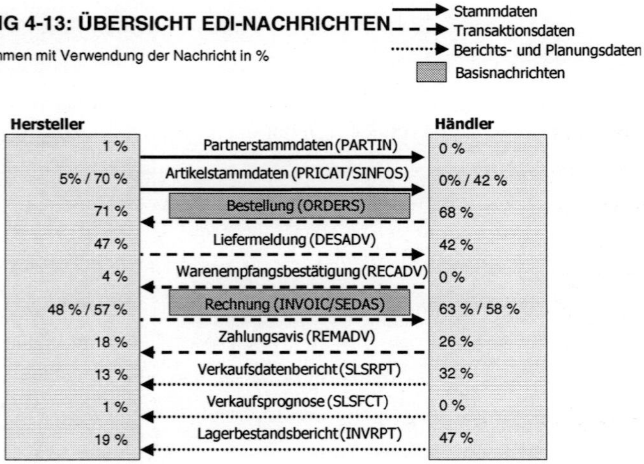

Quelle: CCG 2001, Darstellung in Anlehnung an WILDEMANN 1999, S. 173

Zu Beginn einer EDI-Einführung werden normalerweise lediglich Transaktionsnachrichten übertragen. Die Basisfunktionalität von EDI umfasst dabei in der Regel die Übermittlung von Auftragsdaten vom Händler an den Hersteller und die Übermittlung von Rechnungsdaten vom Hersteller an den Händler. Ebenfalls schon weitgehend implementiert ist die Übertragung von Stammdaten, wie z.B. aktuelle Preislisten und Produktinformationen. Weitergehende Transaktionsnachrichten, wie die Bestätigung von Zahlungen und die Erstellung elektronischer Lieferavise oder Wareneingangsbestätigungen, werden noch weniger häufig benutzt. Schließlich können per EDI-Verbindung auch Planungs- und Statusdaten wie Bestandsdaten, Absatzpläne oder Scannerabverkaufsdaten übermittelt werden. Die elektronische Übermittlung dieser Daten sind für die Einführung von Konzepten wie VMI und CPFR unbedingt erforderlich, aber noch im Anfangsstadium der Umsetzung (CCG 2001).

Die Vorteile von EDI-Datenübertragungen werden in die zwei Dimensionen operativ und strategisch eingeteilt. Zum einen ist operativ eine Kosten- und Zeitersparnis zu erwarten. Durch den Wegfall von manuellen Tätigkeiten bei der Eingabe und der Übertragung von Daten ist weniger Arbeitsaufwand notwendig. Die schnelle Nachrichtenübermittlung führt zudem zu einer Zeitersparnis gegenüber konventioneller Kommunikation. Zum anderen entstehen strategische Vorteile durch eine bessere Datenqualität sowie durch verbesserte Lieferanten- und Kundeninformationen. Schließlich eröffnet EDI neue Organisationsformen und Kooperationsmöglichkeiten, die manuell zu zeitaufwendig wären (NIGGL 1994, S. 60ff).

Zur Zeit wird zudem eine Reihe von internetbasierten Modellen für eine weitergehende Systemintegration diskutiert (KUGLIN/ROSENBAUM 2001, S. 38ff). So könnten CPFR-Prozesse z.B. über internetbasierte Plattformen laufen, an denen mehrere Teilnehmer aus Industrie und Handel zusammenkommen könnten. Die weitergehende Vernetzung von Unternehmen über integrierte IT-Systeme verspricht auch in den nächsten Jahren von hoher Bedeutung zu sein.

4.5.3. Inhaltliche Unterstützung bei SC-Problemlösungen

Obwohl die vorhin dargestellten IT-Lösungen ganze Kommunikations- und Prozessschritte automatisiert und übernommen haben, sind sie alleine nicht in der Lage, die Planung inhaltlich zu unterstützen. Die Erstellung von Prognosen, das Lösen von Losgrößenproblemen oder What-if-Analysen sind zwar in den ERP-Systemen angelegt. Die Lösungsverfahren dieser Systeme basieren aber meist auf einfachsten Heuristiken und können so keine zufriedenstellenden Ergebnisse anbieten. Dazu ergeben sich aufgrund der ERP-Strukturen meist zu lange Antwortzeiten (SCHINZER/BÖHNLEIN 2000, S. 32ff). Die Softwarehersteller haben diese Defizite zum Anlass genommen, die bestehenden ERP-Systeme durch Advanced Planning Systems (APS) zu ergänzen. So erweitert zum Beispiel SAP sein ERP-System R/3 durch den SAP Advanced Planner & Optimizer (APO).

In der Systemarchitektur wird eine Aufgabenteilung zwischen ERP-Systemen und APS vorgenommen: Die Verwaltung der Daten und die Abwicklung von Transaktionen wird nach wie vor durch die ERP-Systeme durchgeführt. Die APS greifen auf diese Datenbestände zurück und unterstützen die Planung durch weitergehende Algorithmen. Das verwendete objektorientierte Datenmanagementsystem verbunden mit der Vorgehensweise, die Modelle im Hauptspeicher zu speichern und auszuführen, ist dabei in der Lage, die Geschwindigkeit enorm zu steigern.

APS unterstützen alle wesentlichen Teilprozesse, die oben bei der Beschreibung der SC-Planung erläutert wurden (RICHMOND et al. 1998, S. 510ff): Die Absatzplanung wird durch eine umfassende Auswahl an statistischen Modellen unterstützt. Für die Bedarfsplanung und die Feinplanung von Produktion und Distribution stehen Bibliotheken mit einer Vielzahl von Lösungsalgorithmen bereit. Dazu kommen übergreifende Analysemöglichkeiten wie Available-to-promise: Hierbei werden in einer Echtzeitauswertung die Ergebnisse der einzelnen Planungselemente kombiniert, um so dem Kunden gegenüber verbindliche Liefertermine unter Berücksichtigung der Kapazitäten auf allen Prozessschritten anbieten zu können (SCHINZER/BÖHNLEIN 2000, S. 36ff).

JAYARAM et al. (2000) zeigen einen positiven Einfluss von IT-Einsatz auf die zeitbezogene Effizienz einer Supply Chain auf. In einer Untersuchung in der Automobilindustrie betrachten sie neben eher produktions- und entwicklungslastigen Technologien, wie Computer Aided Design (CAD), auch die hier diskutierten Systeme einer automatisierten Planung der Produktion. Dabei zeigt sich, dass die Verbesserungen auf der Leistungsdimension insbesondere dann auftreten, wenn zeitgleich zur IT-Implementierung auch Prozessveränderungen umgesetzt werden. Die reine Elektrifizierung bestehender Prozesse schöpft demnach nur einen Teil des Verbesserungspotentials aus.

Erfolgsfaktor-Hypothese 5:

Der Einsatz von Informationstechnologie verbessert den Supply-Chain-Erfolg (Abbildung 4-14).

Zur Operationalisierung der unternehmensinternen Datenverfügbarkeit wird die subjektiv empfundene Qualität der Bestandsdaten als Indikator verwendet (StockDat).

Die Operationalisierung der interorganisationalen SC-Kommunikation konzentriert sich auf die EDI-Umsetzung. Innovativere Ansätze sind noch nicht ausreichend weit verbreitet, als dass eine Erfassung sinnvoll wäre. Innerhalb der EDI-Nachrichten werden zunächst die Basisnachrichten zu den Transaktionsdaten bei Bestellung und Rechnungserstellung (EDIBase) erfasst. Darüber hinaus werden Bestands- und Prognosenachrichten abgefragt (EDIAdvan), die als Voraussetzung für innovative Konzepte aus den Planungs- und Dispositionsprozessen eine besondere Bedeutung haben.

Die inhaltliche Unterstützung durch den IT-Einsatz wird durch eine zusammenfassende Frage abgedeckt (Software).

ABBILDUNG 4-14: OPERATIONALISIERUNG DES ERFOLGSFAKTORS IT-SYSTEME

Code	Beschreibung	Skalen-niveau	Antwort-kategorien
	Unternehmensinterne Datenverfügbarkeit		
Stockdat	Können Sie sich auf die punktgenaue Qualität Ihrer Bestandsdaten verlassen?	Intervall	1 - 6
	Interorganisationale SC-Kommunikation		
EDIBase	Für welchen Anteil vom Umsatz nutzen Sie EDI für Transaktionsnachrichten wie ORDERS, INVOIC etc.?	Intervall	1 - 6
EDIAdvan	Für welchen Anteil nutzen Sie EDI für weitergehende Nachrichten wie Bestand, Prognosen etc.?	Intervall	1 - 6
	Inhaltliche Unterstützung bei SC-Problemlösungen		
Software	Setzen Sie Supply-Chain-Optimierungssoftware (SAP APO, Manugistics,i2 etc.) ein?	Intervall	1 - 6

Quelle: Eigene Darstellung

4.6. Hypothesen zum Kennzahlensystem als Erfolgsfaktor

Für die Umsetzung effizienter SCM-Praktiken ist ein Controlling mit einem umfassenden Kennzahlensystem notwendig. Auch die Ansätze der vorangegangen Abschnitte erfordern das Setzen von Zielen sowie die regelmäßige Überprüfung der Zielerreichung. Dadurch können gegebenenfalls beim Auftreten von Abweichungen korrigierende Maßnahmen eingeleitet werden.

Ein regelmäßig erhobenes, umfangreiches System von SC-Kennzahlen leistet daher einen dauerhaften Beitrag zur erfolgreichen Umsetzung von SC-Maßnahmen und damit zur Sicherung des operativen Erfolgs (GOLLWITZER/KARL 1998, S. 20ff). Eine erfolgssteigernde Wirkung des Kennzahlensystems ist insbesondere dann zu vermuten, wenn die Kennzahlen in der Lage sind, alle relevanten unternehmensinternen (Abschnitt 4.6.1) und unternehmensübergreifenden (Abschnitt 4.6.2) Leistungsdimensionen abzudecken. Eine zusätzliche Voraussetzung ist die richtige Erhebung und eine wirkungsvolle Nutzung der Kennzahlen (Abschnitt 4.6.3).

4.6.1 Umfassende Kennzahlen für interne Prozesse

Um die Leistung der internen SC-Prozesse möglichst umfassend durch Kennzahlen erfassen zu können, ist ein modellbasiertes Vorgehen sinnvoll. Im Abschnitt 3 wurde der SCOR-Ansatz des SUPPLY CHAIN COUNCIL (2002) bereits verwendet, um Kennzahlen für die Erfolgsmessung auszuwählen. In der gleichen Art und Weise kann der Ansatz auch als Ausgangspunkt für die Bestimmung eines unternehmensinternen Kennzahlensystems verwendet werden. Der Vorteil des SCOR-Modells ist sein hierarchischer Aufbau, der es ermöglicht, sowohl hoch aggregierte prozessübergreifende Kennzahlen als auch stärker detaillierte Kennzahlen für die einzelnen Prozesse und Funktionen zu integrieren.

Prozessübergreifende Kennzahlen zur Erfassung der Supply-Chain-Leistung finden sich auf der obersten Hierarchieebene des SCOR-Modells. Beispiele hierfür sind die in Abschnitt 3 verwendeten Kennzahlen wie der Servicelevel, die Lieferzeit, Flexibilitätsgrößen und die Supply-Chain-Kosten.

Stärker detaillierte Kennzahlen werden auf den unteren Ebenen des SCOR-Modells eingesetzt, um die Leistung einzelner Prozesse und Funktionen zu erfassen. Beispiele für stärker detaillierte Kennzahlen aus der zweiten und dritten SCOR-Ebene sind die Planungsgenauigkeit der Absatzplanung, detaillierte Bestandsgrößen auf allen Stufen sowie detaillierte Kostengrößen, wie z.B. die Kosten der Auftragsbearbeitung oder der Verwaltung (Anhang E). Für die Nutzung der Kennzahlen stehen im SCOR-Ansatz auf den einzelnen Ebenen jeweils Benchmarks und Best-Practice-Ansätze zur Verfügung. Teilweise ist es sinnvoll, die SCOR-Kennzahlen noch um weitere Kennzahlen zu ergänzen. Dazu kann auf Sammlungen von Kennzahlen zurückgegriffen werden, wie z.B. bei BEAMON (1999, S. 282ff), bei GOLLWITZER/KARL (1998, S. 65ff), bei

HAUSMAN (2000, S. 7ff), bei LAPIDE (2000, S. 26) und bei GUNASEKARAN et al. (2001, S. 83).

Je breiter die Basis der Kennzahlenmessung ist, desto eher ist zu erwarten, dass sie das Management der Supply Chain unterstützen kann (GERMAIN 1989, S. 70ff). Deshalb sollte die Messung der Supply-Chain-Leistung möglichst differenziert durch viele Komponenten und Teilaspekte erfasst werden. Nur dann können zusätzliche Trade-offs und Managemententscheidungen durch das Kennzahlensystem unterstützt werden.

4.6.2. Umfassende unternehmensübergreifende Kennzahlen

Ein Schwachpunkt vieler Kennzahlensysteme ist, dass sie sich meist nur auf ein einzelnes Unternehmen beziehen. Wenn die Optimierung der Supply Chain jedoch nicht nur innerhalb eines einzelnen Unternehmens, sondern lieferkettenübergreifend geschehen soll, muss die gesamte Supply Chain die Basis für das Kennzahlensystem bilden. SC-Leistung muss dann als ein funktions- und unternehmensübergreifendes Konstrukt gemessen werden (Abbildung 4-15). Nur so können Trade-off-Beziehungen nicht nur innerhalb eines Unternehmens, sondern auch über ein Unternehmen hinaus einbezogen werden (HAUSMAN 2000).

Die Bedeutung einer interorganisationalen Perspektive lässt sich durch die Analyse von Bestandskennzahlen gut verdeutlichen (LAMBERT/POHLEN 2001). Bestandskennzahlen beziehen sich traditionell auf ein einzelnes Unternehmen und werden für jede SC-Stufe getrennt bestimmt. Bei der Erfassung von Bestand als Reichweite oder Umschlagshäufigkeit einer Stufe wird jedoch nicht berücksichtigt, dass die tatsächlichen Bestandskosten auf jeder Stufe unterschiedlich ausfallen. Je näher der Bestand dem Ende einer Supply Chain kommt, desto höher fallen Kapitalbindung und Risikokosten aus.

ABBILDUNG 4-15: DIMENSIONEN DER LEISTUNGSMESSUNG IN DER SUPPLY CHAIN

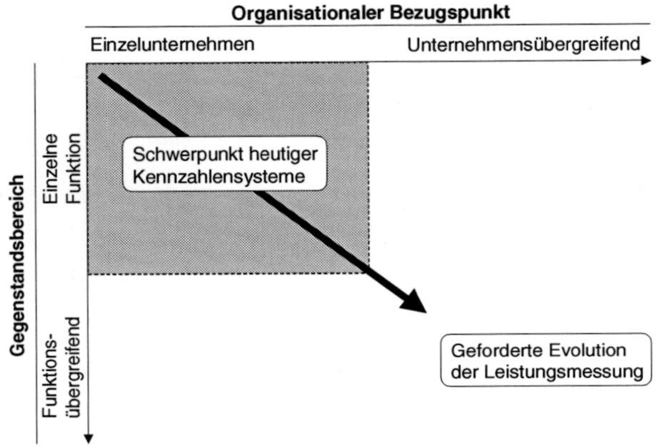

Quelle: eigene Darstellung in Anlehnung an HAUSMAN 2000, S. 4

Eine Vorverlagerung von Bestand ohne Veränderung des Gesamtbestands einer Supply Chain führt daher zu einer Gesamtkostenverbesserung. Dieser Sachverhalt einer Verbesserung in der Gesamtkette durch Verbesserungen und Verschlechterungen auf einzelnen Stufen kann nur über Supply-Chain-übergreifende Kennzahlen erfasst werden. Auch wenn erste konzeptionelle Ansätze zur Beschreibung solcher monetären unternehmensübergreifenden Supply-Chain-Kennzahlen vorliegen, fehlt es bisher noch an der Umsetzbarkeit (LAMBERT/POHLEN 2001). Alternativ können daher nicht-monetäre Leistungskennzahlen und Prozesskennzahlen erfasst werden.

Nicht-monetäre Leistungskennzahlen erweitern die Perspektive des Kennzahlensystems um wesentliche Leistungsdimensionen außerhalb des eigenen Unternehmens. Zugleich sind sie tendenziell leichter zu erheben und unverfänglicher mit den Händlern zu diskutieren als monetäre Größen. Ein Beispiel für eine nicht-monetäre unternehmensübergreifende Kennzahl ist die Erfassung der Regalverfügbarkeit durch Hersteller. Es ist das grundsätzliche Interesse des Herstellers, seine Produkte nicht nur pünktlich und zuverlässig an den Handel zu liefern, sondern dann auch vom Handel mit derselben Zuverlässigkeit distribuiert zu werden. Wenn der Hersteller dies durch Zahlen verfolgen kann, ist er am besten in der Lage, bei Problemen einzugreifen und Ursachen aufzuspüren.

Prozesskennzahlen werden durch den Ansatz zur Erfassung von interorganisationalen Kennzahlen von HIEBER (2002, S. 97ff) vorgestellt. Durch die Aufnahme eines zusätzlichen Prozesses für unternehmensübergreifende Zusammenarbeit in das SCOR-Modell werden die übergreifenden Supply-Chain-Prozesse mit den internen Prozessen integriert. Dadurch wird ein konzeptioneller Bezugsrahmen für das regelmäßige Controlling der unternehmensübergreifenden Supply-Chain-Strukturen geschaffen, der unabhängig von den einzelnen Unternehmen ist. Die verwendeten Kennzahlen haben allerdings keinen direkten operativen Leistungsbezug, sondern sind zur Kontrolle des Kooperationsprozesses geeignet. Beispiele für von HIEBER (2002) verwendete Kennzahlen sind der Anteil der verfügbaren POS-Daten, die Anzahl gegenseitiger Firmenbesuche oder das Ausmaß des Vertrauens in den Partner (Anhang F).

4.6.3. Abgestimmte Kennzahlennutzung und -erhebung

Damit ein Kennzahlensystem die erhoffte Unterstützung beim Management der Supply Chain leisten kann, muss es auf die zugrundeliegenden Supply-Chain-Prozesse abgestimmt sein. Dies erfordert zum einen die Nutzung der Kennzahlen in einem strategieorientierten Prozess. Zum anderen muss die Gestaltung eines Kennzahlensystems auch detaillierte Vorschriften zur Erhebung der Kennzahlen beinhalten.

Die SC-Strategie eines Unternehmens muss sich in seinem SC-Kennzahlensystem widerspiegeln. Nur wenn Strategieelemente systematisch operationalisiert und gemessen werden, können sie auch durch das Management verfolgt und verbessert werden. Die Auswahl der einzubeziehenden Kennzahlen sowie die Priorisierung muss sich daher an der unternehmensspezifischen SC-Strategie orientieren (NEELY et al. 2000).

Für alle relevanten Kennzahlen können in Abstimmung mit der Unternehmensstrategie Ziele festgelegt werden. Der angestrebte Servicelevel muss sich z.B. an der Gesamtstrategie des Unternehmens orientieren und den Trade-off zwischen zusätzlichen Kosten (z.B. höherer Bestand) und Servicegewinnen (Kundenzufriedenheit, vermiedene Umsatzverluste) abwägen (LAMBERT et al. 1998, S. 50ff). Die so getroffenen Trade-off-Entscheidungen und Zielsetzungen müssen regelmäßig überprüft werden.

Auch allgemeine Controlling-Ansätze wie der Balanced-Scorecard-Ansatz können für eine abgestimmte Nutzung der SC-Kennzahlen verwendet werden (BREWER/SPEH 2000). Der Balanced-Scorecard-Ansatz (KAPLAN/NORTON 1992) leitet aus den Unternehmenszielen und der Strategie Kennzahlen auf unterschiedlichen Dimensionen und Aggregationsebenen ab. Die Kennzahlen können dadurch aggregiert für die Unternehmensführung und stark desaggregiert für Einzelpersonen oder Teams aufbereitet werden. Durch die Übereinstimmung von Kennzahlen mit Verantwortungsbereichen von einzelnen Personen oder Teams können die Kennzahlen auch zur Inzentivierung und Setzung von Zielvorgaben benutzt werden (GOLLWITZER/KARL 1998, S. 21ff). Die SC-Ziele werden dadurch zu den persönlichen Zielen der Manager. Das Erreichen der Ziele wird finanziell belohnt, ein Verfehlen der Ziele wird bestraft. Dadurch werden die Kennzahlen als sehr wichtig wahrgenommen und erfahren eine intensive Nutzung und Beachtung.

Auch durch die Art der Erhebung lässt sich die Wirksamkeit des Kennzahlensystems verbessern. Eine besondere Bedeutung kommt insbesondere den Messverfahren zu. Wichtig ist zunächst ein klares gemeinsames Verständnis über die Definition und das Vorgehen bei der Messung. Nur Mitarbeiter, die die Kennzahlenmessung nachvollziehen können, sind bereit die Kennzahlen auch als Messung ihrer Leistung zu akzeptieren (NEELY et al. 2000).

Darüberhinaus kommt den Messpunkten und der Erhebungsfrequenz eine erhebliche Bedeutung zu (GOLLWITZER/KARL 1998, S. 68ff). Werden Kennzahlen nur unregelmäßig oder sporadisch erfasst, besteht nur zu wenigen Zeitpunkten Transparenz über den Status der Supply Chain. Weiterhin kann eine seltene Messung dazu führen, dass die Mitarbeiter gezielt auf Ecktermine hinarbeiten und dadurch eine ungewollte periodische Schwankung im Geschäft entsteht. Daher ist die häufige Messung von Kennzahlen sinnvoll. Die meisten Kennzahlen können wöchentlich erfasst werden und bieten dann einen wöchentlichen Ausgangspunkt für die Einschätzung der Leistung und die Identifikation möglicher Korrekturmaßnahmen.

Erfolgsfaktor-Hypothese 6:

Die Implementierung von Kennzahlensystemen verbessert den Supply-Chain-Erfolg (Abbildung 4-16).

Die Kennzahlenmessung für die internen SC-Prozesse wird operationalisiert, indem die Verwendung von zwei Kennzahlen erfasst wird. Der Servicelevel ist eine prozessübergreifende Leistungsgröße, auf deren Messung in keiner Supply Chain verzichtet werden sollte (MServicL). Die Messung der Genauigkeit der Absatzplanung (MforecaA) ist ein Beispiel für eine speziellere Kennzahl, hier für den Teilprozess der Absatzplanung. Die Planungsgenauigkeit besitzt aber auch eine hohe Relevanz für andere Entscheidungen, wie z.B. die Bestandssteuerung.

Zur Operationalisierung der unternehmensübergreifenden Kennzahlenmessung werden eine nicht-monetäre Leistungskennzahl und eine Prozesskennzahl abgefragt. Die Messung der Regalverfügbarkeit (MOSA) erfasst eine wesentliche nicht-monetäre Leistungsdimension der Supply Chain. Die Erfassung der Zufriedenheit der Händler (KPISati) als prozessbezogene Kennzahl zeigt, inwieweit ein Unternehmen die Prozesse der Zusammenarbeit mit seinen Partnern systematisch auswertet und verfolgt.

Als Indikator für eine auf die Strategie ausgerichtete Nutzung der Kennzahlen wird erhoben, ob die Kennzahlenmessung mit einer Inzentivierung der Mitarbeiter verbunden ist (Incentiv). Darüber hinaus wird die Häufigkeit der Kennzahlenerfassung als wichtiges Kriterium bei der Kennzahlenerhebung abgefragt (FrequKPI).

ABBILDUNG 4-16: OPERATIONALISIERUNG DES ERFOLGSFAKTORS KENNZAHLENSYSTEM

Code	Beschreibung	Skalen-niveau	Antwort-kategorien
	Umfassende Kennzahlen für interne Prozesse		
MServicL	Messen Sie systematisch und regelmäßig unterjährig Ihre Lieferzuverlässigkeit (Servicegrad) ?	Nominal	binär (0/1)
MForecaA	Messen Sie systematisch und regelmäßig unterjährig die Genauigkeit der Absatzplanung (Planfehler)?	Nominal	binär (0/1)
	Umfassende unternehmensübergreifende Kennzahlen		
MOSA	Messen Sie die Warenverfügbarkeit im Regal?	Nominal	binär (0/1)
KPISati	Messen Sie regelmäßig die Kundenzufriedenheit?	Nominal	binär (0/1)
	Abgestimmte Kennzahlennutzung und -erhebung		
Incentiv	Wirkt sich die Lieferzuverlässigkeit über ein Anreizsystem auf das Gehalt der Supply Chain Manager aus?	Nominal	binär (0/1)
FrequKPI	Mit welcher Frequenz erfassen Sie operative Supply Chain KPIs wie die Lieferzuverlässigkeit?	Ratio	Anzahl pro Jahr

Quelle: Eigene Darstellung

5. Empirische Untersuchung der Erfolgsfaktoren

In den Abschnitten 1 bis 4 wurde die theoretische Basis für die Untersuchung gelegt. Dazu erfolgte in Abschnitt 1 die Eingrenzung des Forschungsproblems und in Abschnitt 2 die Beschreibung des Vorgehens einer Erfolgsfaktorenanalyse. In den Abschnitten 3 und 4 erfolgte die Formulierung von Erfolgsfaktorhypothesen. Dazu wurde in Abschnitt 3 ein Kennzahlensystem zur Erfassung von SC-Erfolg eingeführt. In Abschnitt 4 wurden Hypothesen zu den erfolgsverursachenden SC-Konzepten aufgestellt.

Im folgenden Abschnitt werden die Hypothesen im Rahmen einer empirischen Untersuchung überprüft. Dazu wird zunächst das Vorgehen bei der Planung und Vorbereitung der Untersuchung dargestellt (Abschnitt 5.1). Daraufhin wird die Durchführung der Datenerhebung (Abschnitt 5.2) und die Auswertung der Daten (Abschnitt 5.3) erläutert. Schließlich wird eine zusammenfassende Bewertung der Erfolgsfaktorhypothesen auf der Basis der empirischen Ergebnisse vorgenommen (Abschnitt 5.4).

5.1. Planung und Vorbereitung der Erhebung

5.1.1. Festlegung der Erhebungsform

Grundsätzlich sind vier Methoden für die Datenerhebung in einer empirischen Untersuchung möglich: Befragung, Beobachtung, Inhaltsanalyse und nichtreaktive Methoden (DIEKMANN 1996, S. 371ff). Bei der vorliegenden Untersuchung war aufgrund des komplexen Themas und des eingeschränkten Zugangs durch öffentliche Quellen nur die Methode der Befragung sinnvoll durchführbar.

Bei der Durchführung einer Befragung ist zu entscheiden, ob die Erhebung persönlich, telefonisch oder schriftlich erfolgen sollte. Dies ist jeweils vor dem spezifischen Hintergrund der Erhebungssituation zu entscheiden (DIEKMANN 1996, S. 373ff). In der vorliegenden Untersuchung war die persönliche Durchführung der Befragung in Interviews am besten geeignet (Abbildung 5-1).

Für die persönlichen Interviews sprach in erster Linie die erhoffte höhere Teilnahmebereitschaft gegenüber den Alternativen der telefonischen oder schriftlichen Befragung, da bei einer Grundgesamtheit von weniger als 100 Herstellern eine Rücklaufquote von über 30% erzielt werden musste, um eine fundierte statistische Auswertung der Daten zu ermöglichen. Darüber hinaus schien es sinnvoll, Vertraulichkeitsbedenken durch ein gegenseitiges persönliches Kennenlernen auszuräumen. Durch die Interaktion im Rahmen der Interviews wurde schließlich auch die Behandlung komplexer Themen erleichtert.

ABBILDUNG 5-1: BEWERTUNG VERSCHIEDENER BEFRAGUNGSFORMEN

Auswahl

Persönliches Interview	Telefonisches Interview	Schriftliche Befragung
+ Hohe Ausschöpfungsquote	o Mittlere Ausschöpfungsquote	– Geringe Ausschöpfungsquote
+ Gute Vertrauensbildung	– Geringe Vertrauensbildung	– Geringe Vertrauensbildung
+ Möglichkeit auch offene Fragen einzuarbeiten	+ Möglichkeit auch offene Fragen einzuarbeiten	– Nur standardisierte Fragen möglich
+ Hohe Eignung für komplexe Fragen	– Geringe Eignung für komplexe Fragen	+ Hohe Eignung für komplexe Fragen
– Hohe Kosten	+ Geringe Kosten	+ Geringe Kosten
– Hohe Gefahr der Antwortverzerrung	o Mittlere Gefahr der Antwortverzerrung	+ Geringe Gefahr der Antwortverzerrung

Quelle: Eigene Darstellung in Anlehung an DIEKMANN 1996, S. 373ff

Die Nachteile der persönlichen Durchführung der Interviews liegen neben den hohen Kosten insbesondere in der Gefahr der Antwortverzerrung durch den engen Kontakt zwischen Interviewer und Befragten. Durch nicht-verbale Effekte bei der Fragestellung kann unbewusst deutlich gemacht werden, welche Antwort erwartet wird. Die Befragten antworten dann im Sinne der Erwünschtheit und verfälschen so die Ergebnisse. Daher ist durch die Interaktion im Rahmen von persönlichen Interviews eine zusätzliche Fehlerquelle gegeben (DIEKMANN 1996, S. 382ff).

Um diesen Effekt soweit wie möglich zu vermeiden, wurden die Fragen in der vorliegenden Untersuchung möglichst neutral formuliert. Zudem wurden Interpretationsfehler auf der Seite der Interviewer dadurch reduziert, dass der Autor alle Interviews selbst durchgeführt hat.

Ein wichtiger Entscheidungsparameter bei der Planung der Erhebung ist schließlich der Strukturierungsgrad der Befragung. Auf der einen Seite kann die Befragung streng quantitativ vorgehen. Dazu wird ein vollständig strukturierter Fragebogen erstellt, bei dem alle Fragen immer in exakt der gleichen Reihenfolge und mit vorgegebenen Antwortkategorien gestellt werden. Dadurch wird ein hoher Standardisierungsgrad bei der Befragung erreicht. Auf der anderen Seite kann ein qualitatives Vorgehen gewählt werden. Dazu können Interviews auch komplett offen als Tiefeninterviews geführt werden (DIEKMANN 1996, S. 373ff).

Im vorliegenden Fall wurde eine Mischung aus beiden Formen verwendet. Zwar wurde der Großteil der Fragen inklusive Antwortkategorien vorgegeben. Diese Standardfragen wurden jedoch durch offene Fragen ergänzt. Die Reihenfolge wurde zudem der Interviewsituation entsprechend variabel gehandhabt und bei Bedarf durch klärende und vertiefende Zwischenfragen unterbrochen. Ziel war es, zum einen eine hohe Standardisierung und dadurch hohe Objektivität zu erreichen, auf der anderen Seite aber auch auf neue oder außergewöhnliche Situationen eingehen zu können.

5.1.2. Konstruktion des Erhebungsinstruments

Bei der Konstruktion des Erhebungsinstruments müssen die Begriffe des Forschungsproblems operationalisiert werden. Für die vorliegende Arbeit wurden dazu Begriffe aus zwei unterschiedlichen Gegenstandsbereichen in einem Fragebogen umgesetzt: Die Erfolgsvariablen (aus Abschnitt 3) und die Hypothesen zu den Erfolgsfaktoren (aus Abschnitt 4).

Die Messung der Erfolgsvariablen wurde bereits in Abschnitt 3 auf der Basis eines allgemeinen Modells von Supply-Chain-Strukturen beschrieben. Dabei wurden sieben Erfolgsvariablen definiert (Abbildung 3-3) auf die für die Erhebung zurückgegriffen werden konnte. Entsprechende Fragen wurden formuliert und in den Fragebogen eingefügt.

Die Messung der Erfolgsfaktorhypothesen wurde in Abschnitt 4 hergeleitet. Dazu wurden zu den einzelnen Hypothesen jeweils die wichtigsten Begriffe operationalisiert, das heißt konkrete Fragen zu den einzelnen Begriffen formuliert und mit Messskalen verknüpft. Diese Fragen wurden ebenfalls in den Fragebogen übernommen.

Die Gestaltung der Fragen und der Antwortmöglichkeiten bestimmt das Skalenniveau der erhobenen Daten und hat damit wesentliche Auswirkungen für die Möglichkeiten bei der folgenden Datenauswertung. Daten können grundsätzlich auf vier unterschiedlichen Skalenniveaus gemessen werden (BACKHAUS et al. 2000, S. XVIIIff, DIEKMANN 1996, S. 249ff): Nominale und ordinale Skalenniveaus gelten als nicht-metrische Skalen. Intervall- und Ratioskalen werden als metrische Skalen bezeichnet.

- **Nominales Skalenniveau:** Nominalskalen bilden qualitative Merkmale ab. Dazu werden in der Regel Merkmalsausprägungen über Zahlencodes ausgedrückt, die jedoch keine inhaltliche Bedeutung haben (z.B. Postleitzahlenbereiche). Die Anwendbarkeit statistischer Auswertungsmethoden ist daher stark eingeschränkt. Einen Sonderfall innerhalb der Nominalskalen stellen binäre Merkmale dar (z.B. 0 = nicht vorhanden, 1= vorhanden).

- **Ordinales Skalenniveau:** Mittels Ordinalskalen wird eine Rangordnung abgebildet. Dadurch werden jedoch keine Aussagen über die Abstände zwischen den einzelnen Merkmalsausprägungen getroffen. Daher ist die Auswahl verwendbarer statistischer Methoden ebenfalls beschränkt.

- **Intervallskalenniveau:** Bei Intervallskalen sind die einzelnen Merkmalsausprägungen äquidistant und werden daher auch als metrisch bezeichnet. Intervallskalen erlauben die Anwendung der meisten statistischen Verfahren.

- **Ratioskalenniveau:** Auch Ratioskalen sind metrische Messskalen, erlauben aber im Vergleich zu den Intervallskalen zusätzlich eine Interpretation des Nullpunktes. Damit sind alle Auswertungsmethoden gestattet.

Während in den Naturwissenschaften und in technischen Kontexten meist Ratioskalen verwendet werden, sind diese im Bereich der empirischen Sozialwissenschaften nur selten anzutreffen. Einstellungen und subjektiv geprägte Werturteile lassen sich aus puristischer Sicht höchstens auf ordinalem Skalenniveau erfassen. Trotzdem werden solche Daten oft pragmatisch als intervallskalierte Daten interpretiert, um so statistische Methoden anwenden zu können, deren Ergebnisse einen höheren Informationsgehalt besitzen (BACKHAUS et al. 2000, S. XIX). Die Festlegung des Skalenniveaus erfolgt dann per Annahme (Messung "per fiat") und wird nicht messtheoretisch begründet (DIEKMANN 1996, S. 260ff).

Zur Messung von Einstellungen oder Bewertungen werden in der Regel Aussagen vorgelegt, die anhand einer mehrteiligen Ratingskala bewertet werden. Die Ratingskalen unterscheiden sich dabei hauptsächlich hinsichtlich der Anzahl der zur Messung verwendeten Kategorien. In der Literatur wird oft die Verwendung gerader Kategorieanzahlen empfohlen, um eine mehrdeutige Mittelkategorie zu vermeiden. Darüber hinaus ist bei einer höheren Kategorieanzahl eine höhere Datenqualität erreichbar. Bei mehr als sieben Kategorien nimmt der Zugewinn durch eine weitere Differenzierung jedoch stark ab (DIEKMANN 1996, S. 404f). BYRNE (2001, S. 71ff) kommt nach der Auswertung mehrerer Simulationsstudien zu dem Ergebnis, dass Ratingskalen mit weniger als 5 Kategorien nicht als metrisch skaliert interpretiert werden sollten, um Auswertungsprobleme zu vermeiden. Bei stärkerer Reduktion der Kategorienanzahl verschärfen sich die auftretenden methodischen Fehler. Positiv auf die Qualität der Daten wirkt sich hingegen eine möglichst detaillierte Beschreibung der Antwortkategorien aus (DIEKMANN 1996, S. 405).

In der vorliegenden Untersuchung wurde grundsätzlich die Messung durch sechsteilige Antwortkategorien angestrebt. Einzelne Daten wurden zusätzlich als Absolutwerte erhoben. Für die meisten Begriffe war dies jedoch weder inhaltlich durchführbar noch innerhalb des Zeitrahmens der Interviews zu bewältigen. Um die Interpretierbarkeit der Daten auf Intervallskalenniveau zu verbessern, wurde durch die Beschreibung der Kategorien die Äquidistanzannahme verdeutlicht. So entsprechen viele Antwortkategorien einem prozentualen Umsetzungsgrad der beschriebenen Supply-Chain-Instrumente und Aussagen.

Die kompletten Fragen wurden nach der Erstellung in drei Testinterviews überprüft und im Anschluss überarbeitet. Dabei wurden die Fragen stärker konkretisiert, wenn in den Testsituationen Verständnisprobleme aufgetreten waren. Bei einigen Fragen musste die Annahme des metrischen Skalenniveaus in Frage gestellt werden. Auf die Frage "In welchem Umfang messen Sie den Servicelevel?" ergaben sich z.B. fast ausschließlich ja/nein-Antworten. Andere Antworten wie z.B. "für alle Produkte, aber nicht systematisch", ließen sich hier nicht sinnvoll im Rahmen einer äquidistanten Messskala erfassen. Die betreffenden Fragen wurden daher auf ein nominales Skalenniveau reduziert. Schließlich wurde der Fragebogenumfang reduziert. Ziel war dabei, den überarbeiteten Fragebogen in einer Interviewdauer von maximal zwei Stunden durchgehen zu können. Die in Abschnitt 3 und 4 vorgestellten Variablen stellen bereits den Stand nach der Überarbeitung des Fragebogens dar.

Um den Fragebogen übersichtlich zu gestalten, wurden die Fragen in fünf Blöcke eingeteilt und innerhalb der Blöcke nach inhaltlichen Kriterien sortiert (Anhang G):

I. Supply Chain Instrumente

II. Supply Chain Strategie

III. Wettbewerbssituation

IV. Bewertung der Supply Chain Partner

V. Struktur- und Leistungsdaten

Für die Befragung der Handelsunternehmen wurde ein weiter verkürzter Fragebogen verwendet. Der Schwerpunkt lag hier auf der Erfassung der Schnittstelle zur Industrie und auf der Bewertung der Zufriedenheit der Händler mit den einzelnen Herstellern.

5.2. Datenerhebung

Auf der Basis von Datenbankinformationen wurden relevante Unternehmen aus Industrie und Handel ausgewählt. Dazu wurden Produktkategorien von Drogerieartikeln und Lebensmitteln bestimmt, die hinsichtlich Produktcharakteristika und Kundenstruktur große Ähnlichkeit aufweisen: Bei den Produkteigenschaften wurde Wert auf eine lange Haltbarkeit und eine hohe Lagerumschlagshäufigkeit der Artikel gelegt. In Bezug auf die Kundenstruktur wurden nur Kategorien ausgewählt, deren Hauptumsätze im Lebensmitteleinzelhandel sowie in Drogeriemärkten getätigt werden. Deswegen wurden zum Beispiel Getränke wegen der unterschiedlichen Absatzstrukturen (Restauration, Fachhandel) ausgeschlossen. Im einzelnen wurden die folgenden Produktkategorien berücksichtigt:

- Kosmetik
- Wasch-/Putz- und Reinigungsmittel
- Zellstoffprodukte
- Klebstoffe
- Tiernahrung
- Süßwaren
- Dauerbackwaren

- Fertignahrungsmittel
- Kaffee/Tee

Innerhalb dieser Kategorien wurden die größten Unternehmen mit mindestens 100 Mio. Euro deutschem Jahresumsatz angeschrieben. Dies entspricht 74 Herstellern, die um eine Beteiligung an der Untersuchung gebeten wurden. Zusätzlich wurden im Handel alle Handelsunternehmen mit einem Umsatzvolumen ab 500 Mio. Euro angesprochen, die in den betroffenen Kategorien aktiv sind. Hier wurden insgesamt 34 Händler einbezogen, so dass die Gesamtheit aus 108 Unternehmen bestand.

Innerhalb der selektierten Unternehmen wurde durch einen ersten telefonischen Kontakt jeweils ein Ansprechpartner für das Themengebiet Supply Chain Management ausfindig gemacht. Diesem wurde dann in einem persönlich adressierten Brief eine Informationsbroschüre mit den Zielen und dem Vorgehen der Untersuchung zugeschickt.

Etwa eine Woche nach Versand der Unterlagen wurden die Ansprechpartner direkt telefonisch kontaktiert. Die Untersuchung wurde je nach Bedarf weiter erläutert, teilweise mussten andere Personen in die Entscheidung einbezogen werden. Die Ansprechpartner wurden in den folgenden Wochen wiederholt solange angesprochen, bis eine Zusage für ein Interview ausgemacht werden konnte oder eine definitive Absage vorlag. Teilweise waren dazu bis zu 20 Anrufe in einem Unternehmen notwendig.

Die Anfrage bei den Unternehmen erfolgte zeitlich gestaffelt von Juni bis September 2002. Im Zeitraum von Juli bis November 2002 konnten schließlich 58 Interviews durchgeführt werden (Abbildung 5-2). Alle Interviews erfolgten persönlich vor Ort in den beteiligten Unternehmen. Interviewer war dabei in allen Fällen der Autor der vorliegenden Arbeit. In der Regel erfolgten die Interviews zu zweit, in wenigen Ausnahmen waren noch weitere Interviewpartner beteiligt.

ABBILDUNG 5-2: BETEILIGUNG AN DER EMPIRISCHEN ERHEBUNG

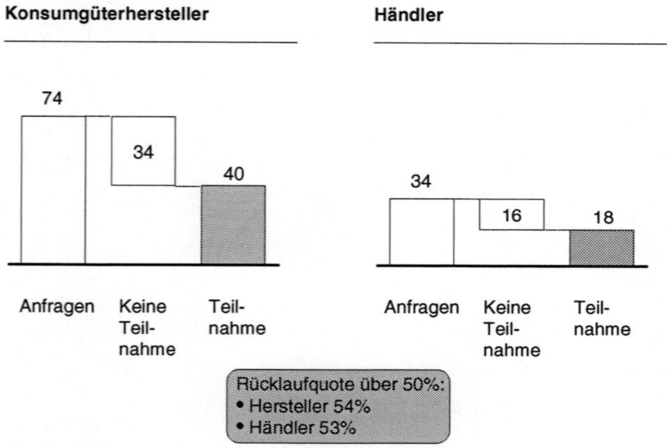

Quelle: Eigene Darstellung

Die Rücklaufquote liegt für Hersteller und Händler über 50% und damit weit über den Ergebnissen vergleichbarer Untersuchungen und kann als exzellent bezeichnet werden. Ausschlaggebend hierfür war insbesondere die hohe Relevanz des untersuchten Themas für die Beteiligten. Der Hauptgrund für die verzeichneten Ablehnungen war mit 55 % der Absagen die fehlende Zeit und starke Belastung der angefragten Personen. 27% der Absagen wurden durch die mangelnde Relevanz des Themas oder des Unternehmens für den Untersuchungsgegenstand begründet. Weitere 8 % der Absagen - überwiegend diskontierende Unternehmen aus dem Handel - verwiesen darauf, dass das entsprechende Unternehmen generell nicht an Untersuchungen teilnimmt. 10% der Absagen wurden nicht weiter begründet.

ABBILDUNG 5-3: AUSGEWÄHLTE CHARAKTERISTIKA DER TEILNEHMER

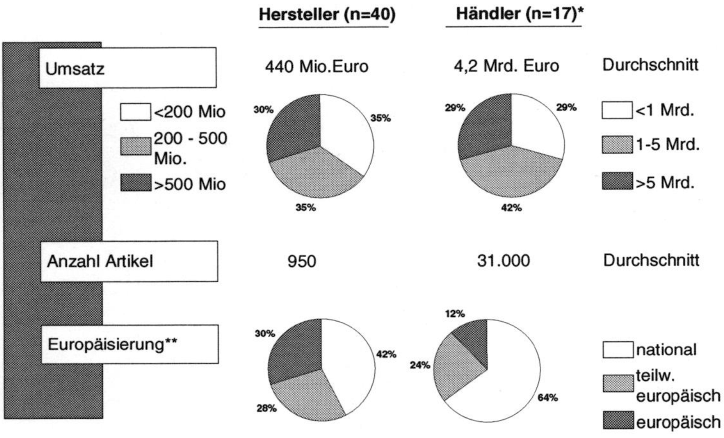

* Mit einem 18. Gesprächspartner wurde ein rein qualitatives Interview geführt
** Ausschlaggebend ist das Ausmaß grenzübergreifender Güterströme
Quelle: Eigene Darstellung

In Abbildung 5-3 sind einige Basisgrößen zur Beschreibung der Teilnehmer dargestellt. Der durchschnittliche Umsatz der Hersteller betrug 440 Mio. Euro. Bei den ablehnenden Herstellern betrug die durchschnittliche Umsatzgröße 300 Mio. Euro. Die Unternehmensgröße der absagenden Hersteller ist damit zwar geringer als die Durchschnittsgröße der Teilnehmer. Der Unterschied ist jedoch nicht so groß, dass hier ein wesentlicher Selektionseffekt zu vermuten ist. Auch hinsichtlich des Europäisierungsgrades liegt eine ausgewogene Mischung von nationalen, teilweise europaweit integrierten und komplett europaweit integrierten Herstellern vor. Es kann daher davon ausgegangen werden, dass die teilnehmenden Hersteller eine repräsentative Stichprobe aus der Gesamtheit der Konsumgüterindustrie darstellen.

Im Handel wurden durchschnittlich 4,2 Mrd. Euro Umsatz bei den zusagenden Händlern und 5,3 Mrd. Euro bei den absagenden Händlern erzielt. Die Strukturen sind hier noch stärker national geprägt.

5.3. Datenauswertung

Die Bewertung der Hypothesen erfolgt in einem Methodenmix, der in drei verschiedenen Schritten vorgeht (Abbildung 5-4). In einem ersten Schritt werden die einzelnen SC-Instrumente zunächst unter Vernachlässigung von Interaktionseffekten auf ihre Erfolgswirkung hin untersucht. Im zweiten Schritt werden die Interaktionseffekte und Zusammenhänge zwischen den einzelnen SC-Instrumenten explizit betrachtet. Der dritte Schritt untersucht schließlich die Erfolgswirkung der SC-Instrumente in einem Gesamtmodell unter Berücksichtigung von Interaktionseffekten.

ABBILDUNG 5-4: METHODENMIX MIT DREI BESTANDTEILEN

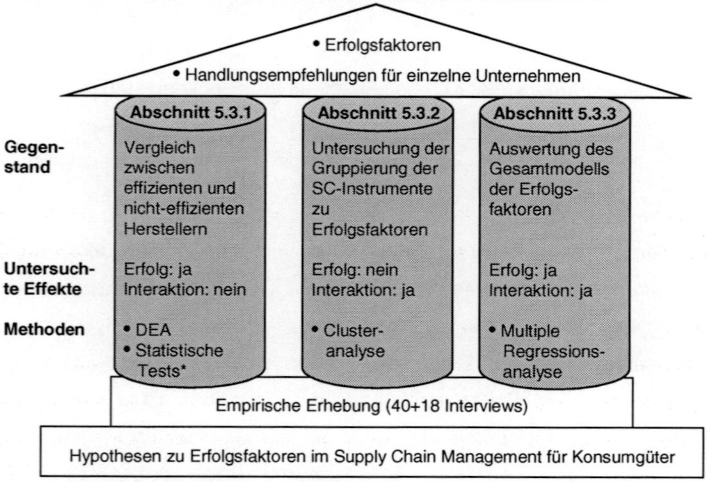

* t-Test, Mann-Whitney-Test, Kontingenzanalyse mit χ^2-Test
Quelle: Eigene Darstellung

Im ersten Schritt (Abschnitt 5.3.1) wird zunächst die Kategorisierung der Hersteller in effiziente und nicht-effiziente Unternehmen durch die Anwendung der DEA beschrieben. Im Rahmen von statistischen Tests werden dann die einzelnen SC-Instrumente auf Unterschiede zwischen effizienten und nicht-effizienten

Herstellern hin untersucht. Das Ziel der statistischen Tests ist es, signifikante Unterscheidungsmerkmale im SCM zwischen effizienten und nicht-effizienten Herstellern zu erkennen. Lassen sich solche Unterschiede für mehrere Einzelinstrumente entlang der Erfolgsfaktorhypothesen aufzeigen, kann dies als Bestätigung der Hypothesen gelten. Die Ergebnisse der DEA werden zudem für eine detaillierte Betrachtung der einzelnen Unternehmen und die Ableitung von individuellen Verbesserungspotentialen genutzt.

Im zweiten Schritt wird die Gruppierung der einzelnen SC-Instrumente zu Erfolgsfaktoren untersucht (Abschnitt 5.3.2). Dazu werden im Rahmen einer Clusteranalyse Gruppen von SC-Instrumenten gebildet, die über die 40 Hersteller hinweg ein ähnliches Anwendungsmuster aufweisen. Das Ziel der Clusteranalyse ist es zunächst, im Sinne eines konfirmatorischen Vorgehens zu überprüfen inwiefern die Erfolgsfaktorhypothesen tatsächlich zusammenhängende Einzelinstrumente zusammenfassen. Wenn die empirisch gebildeten Cluster mit den theoriebasiert formulierten Erfolgsfaktoren übereinstimmen, bestätigt dies, dass die Erfolgsfaktoren zusammenhängende und in sich geschlossene SCM-Konzepte darstellen. Zusätzlich können die Cluster im Sinne eines explorativen Vorgehens zur Neuinterpretation der Erfolgsfaktoren verwendet werden.

Schließlich wird im dritten Schritt das Gesamtmodell der Erfolgsfaktoren durch eine Regressionsanalyse getestet (Abschnitt 5.3.3). Dabei werden alle vorhandenen metrischen Variablen in einem schrittweise erweiterten Regressionsmodell überprüft. Das Ziel der Regressionsanalyse ist es, die Erfolgswirkung der SC-Instrumente in einem Gesamtmodell zu überprüfen, das auch Interaktionseffekte mit berücksichtigt. Durch die Höhe der standardisierten Regressionskoeffizienten kann auch die Stärke der Erfolgswirkung für die SC-Instrumente aufgezeigt werden.

5.3.1. Vergleich zwischen effizienten und nicht-effizienten Herstellern

5.3.1.1. Durchführung der Data Envelopment Analysis (DEA)

GOLANY/ROLL (1989) haben die Durchführung der DEA in einem Drei-Phasen-Modell beschrieben. Die einzelnen Phasen sind:

- Definition und Auswahl der Entscheidungseinheiten
- Bestimmung der Input- und Outputgrößen
- Auswahl und Anwendung des DEA-Modells

Die **Auswahl der Entscheidungseinheiten** und der Rücklauf der Teilnehmer wurden oben bereits erläutert. Für die Zwecke der DEA ist an dieser Stelle die Frage zu klären, ob die 40 untersuchten Hersteller eine homogene Gruppe von Entscheidungseinheiten darstellen. Durch die Fokussierung auf die Konsumgüterindustrie und innerhalb dieser durch die Beschränkung auf schnelldrehende Kategorien mit weitgehend ähnlichen Charakteristika (Ausschluss verderblicher Produktkategorien wie Frischprodukte, Fleisch, Milcherzeugnisse, keine Getränke oder Produkte mit Pfandproblematik) können die befragten Unternehmen hinsichtlich ihrer Supply Chain als weitgehend homogen angesehen werden.

Die **Bestimmung der Input- und Outputgrößen** wurde in Abschnitt 3 erläutert. Wie von GOLANY/ROLL (1989, S. 239ff) gefordert, wurde zur Bestimmung der Input- und Outputgrößen eine Liste mit möglichen Kennzahlen modellgestützt erstellt und auf sieben relevante Größen reduziert. Dadurch sind die wesentlichen Aspekte der Supply Chain eines Unternehmens umfassend beschrieben. Um auszuschließen, dass mehrere Kennzahlen einen ähnlichen Sachverhalt ausdrücken, werden die Kennzahlen vor der Anwendung der DEA auf ihre Korrelation untereinander untersucht. Ab 0,7 gelten Korrelationskoeffizienten in der Regel als hohe Korrelation (BACKHAUS et al. 2000, S. 266). Die hier beobachteten Korrelationen liegen zwischen -0,41 und +0,41 (Tabelle 5-1) und deuten damit auf relativ schwache Abhängigkeiten der Kennzahlen untereinander hin.

*Tabelle 5-1: Kreuzkorrelationen der sieben Erfolgsdimensionen**

	Service-level	Liefer-flexi-bilität	Liefer-zeit	Partner-zufrie-denheit	Logi-stik-kosten	Be-stand	Produk-tions-kosten
Servicelevel	1,00						
Liefer-flexibilität	-0,41	1,00					
Lieferzeit	-0,24	-0,07	1,00				
Partner-zufriedenheit	0,06	0,01	-0,02	1,00			
Logistikkosten	0,05	0,02	0,06	-0,21	1,00		
Bestand	0,03	-0,08	0,02	0,21	0,05	1,00	
Produktions-kosten	-0,16	-0,09	0,24	0,41	-0,16	-0,05	1,00

* Pearson-Korrelationskoeffizienten

Schließlich erfolgt innerhalb des Modells die Überprüfung der Sensitivität des Ergebnisses bei Veränderungen der Anzahl der Kennzahlen. Die Verwendung aller sieben Größen wird dabei zusätzlich bestätigt, da bei Weglassen jeweils einer Größe Verschiebungen in den Effizienzbewertungen auftreten.

Eine Outputgröße muss vor Durchführung der Analyse angepasst werden: Voraussetzung für die Effizienzbewertung mit der DEA ist, dass jede Input- und jede Outputdimension numerisch bewertet wird, wobei bei den Inputgrößen geringere Werte, bei den Outputgrößen höhere Zahlenwerte als erstrebenswert angesehen werden (Isotonität). Die Isotonität wird jedoch verletzt wenn unerwünschte Outputgrößen vorliegen, die minimiert werden sollen wie im vorliegenden Beispiel die Lieferzeit (SCHEEL 2001). In dieser Situation lässt sich Isotonität wiederherstellen, indem man den unerwünschten Output von einem Faktor abzieht. Da die Lieferzeiten in der Untersuchung für alle Unternehmen weniger als eine Woche betragen, wird die Lieferzeit von einer Konstante von sieben Tagen (einer Woche) abgezogen und so als Output berücksichtigt.

Bei der **Auswahl des DEA-Modells** ist in erster Linie die Frage nach der Art der Skalenerträge zu stellen. Beim CCR-Modell werden Skalenerträge als gleichbleibend unterstellt und gelten unabhängig von der absoluten Höhe der Ausprägungen auf den verschiedenen Leistungsdimensionen. Das BCC-Modell verwendet hingegen variable Skalenerträge. Dies entspricht dem Verhältnis der Leistungsdimensionen im SCM mit vorwiegend abnehmenden Skalenerträgen besser, wie am folgenden Beispiel von Servicelevel und Bestand deutlich wird: Es erfordert mehr zusätzlichen Bestand, den Servicegrad von 98,5 % auf 99,5 % zu steigern, als eine ebenfalls einprozentige Steigerung von einem Ausgangspunkt bei 90% vorzunehmen. Um dies zu berücksichtigen, wird im Folgenden als Basis für die Analyse das BCC-Modell verwendet.

Außerdem ist als Modellerweiterung die in Abschnitt 3.3.3 vorgestellte Nutzung von Schranken für die Gewichte sinnvoll. In der vorliegenden Untersuchung soll jedes der drei Inputgewichte mindestens 20% der Inputgewichtung und jedes der vier Outputgewichte mindestens 15% der Outputgewichtung ausmachen. Die Mindestgewichte berücksichtigen dabei die Relation zwischen den Mittelwerten der einzelnen Dimensionen, um so die unterschiedlichen Größenordnungen der einzelnen Kennzahlen auszugleichen. Diese Nebenbedingungen verhindern, dass eine Bewertungsgröße nicht in die Bewertung einfließt, obwohl bei ihrer Auswahl als Input- bzw. Outputgröße entschieden worden ist, dass sie wichtig und relevant ist (DYSON et al. 2001, S. 253ff).

5.3.1.2. Ergebnisse der DEA

Das beschriebene DEA-Problem wird für 40 Konsumgüterhersteller gelöst. Dabei kommt die Software Efficiency Measurement System zum Einsatz (SCHEEL 2002). Von den 40 untersuchten Herstellern werden sieben als effizient bewertet.

Tabelle 5-2 zeigt, wie die sieben Leistungsdimensionen, auf denen die DEA basiert (4 Outputgrößen, 3 Inputgrößen), durchschnittlich bei effizienten und nicht-effizienten Herstellern ausgeprägt sind. Für sechs der sieben Dimensionen erreichen die effizienten Hersteller im Durchschnitt bessere Leistungen als die nicht-effizienten:

- Servicelevel: 98,9 % (effizient) statt 97,2% (nicht-effizient), gemessen als Anteil der perfekt erfüllten Auftragspositionen
- Lieferzeit: 2,4 Tage (effizient) statt 3,7 Tage (nicht-effizient)
- Partnerzufriedenheit: 61 (effizient) statt 52 (nicht-effizient) auf einer Skala von 0 bis 100

Tabelle 5-2: Leistungsvergleich für effiziente und nicht-effiziente Hersteller

	Effiziente	**Nicht-effiziente**
Servicelevel	98,9 %	97,2 %
Lieferflexibilität (Skala von 1-6)	3,7	4,2
Lieferzeit	2,4 Tage	3,7 Tage
Partnerzufriedenheit (Skala von 0-100)	61	52
Logistikkosten (in % vom Umsatz)	3,7%	5,3%
Bestandsreichweite	14 Tage	34 Tage
Produktionskosten (Skala 1-6)	3,7	4,3

- Logistikkosten: 3,7% (effizient) statt 5,3% (nicht-effizient) gemessen als Anteil am Umsatz
- Bestandsreichweite: 14 Tage (effizient) statt 34 Tage (nicht-effizient)
- Produktionskosten: 3,7 (effizient) statt 4,3 (nicht-effizient) auf einer Skala von 1 bis 6

Nur bei der Lieferflexibilität schneiden die nicht-effizienten Hersteller durchschnittlich besser ab als die effizienten Herstellern (4,2 im Vergleich zu 3,7).

5.1.3.3. Untersuchung einzelner SC-Instrumente auf Basis der DEA-Ergebnisse

Wie oben beschrieben werden im Rahmen der DEA sieben der 40 Hersteller als effizient identifiziert, die auf den meisten Leistungsdimensionen eine deutlich höhere Leistung aufweisen als die nicht-effizienten Hersteller. In diesem Abschnitt werden Unterschiede im Umsetzungsgrad einzelner Supply-Chain-Instrumente aufgezeigt, die die Leistungsunterschiede zwischen effizienten und nicht-effizienten Herstellern mitbegründen können. Dazu wird der Umsetzungsgrad der SCM-Instrumente bei effizienten und nicht-effizienten Herstellern untersucht und im Rahmen statistischer Tests geprüft, ob ein evtl. Unterschied signifikant ist.

Die statistische Methodik zur Überprüfung eines Unterschieds zwischen zwei Gruppen erfordert die Berücksichtigung des Skalenniveaus der zu untersuchenden Variablen. Die in Abschnitt 4 zur Operationalisierung der Erfolgsfaktorhypothesen eingeführten Variablen sind in der Mehrzahl metrisch skaliert. Eine Variable ist ordinal skaliert. Elf Daten sind nominal skaliert, davon zehn mit binären Merkmalsausprägungen und eine Variable mit vier nominalen Kategorien.

Für die metrisch skalierten Variablen kann ein Mittelwertvergleich anhand eines t-Tests durchgeführt werden. Dazu werden die durchschnittlichen Umsetzungsstände der SC-Instrumente bei effizienten und nicht-effizienten Herstellern als Mittelwerte der Variablen ermittelt. Es wird die Hypothese geprüft, dass die Mittelwerte der beiden Gruppen von Herstellern sich statistisch signifikant voneinander unterscheiden. Hierzu kommt ein t-Test unter der Annahme unabhängiger Stichproben zum Einsatz (HARTUNG 2002, S. 510ff). Alle Mittelwertunterschiede, die hinsichtlich eines Signifikanzniveaus von 0,9 oder höher als signifikant erachtet werden, lehnen eine Ablehnung der Nullhypothese nahe.

Für die ordinale Variable kann die Beziehung analog zum t-Test für metrische Variablen durch den nicht-parametrischen Mann-Whitney-Test überprüft werden. Dieser Test setzt lediglich ordinale Daten voraus und unterstellt keine spezielle Verteilung, so dass die Anwendung methodisch problemlos ist (HARTUNG 2002, S. 513ff). Hier wird ebenfalls ein Signifikanzniveau von 0,9 als Anforderung an den Test gestellt.

Für die nominalskalierten Daten kann überprüft werden, ob die Werte der Variablen statistisch abhängig oder unabhängig von der Effizienzklassifizierung sind. Dazu kann eine Kreuztabelle aus Effizienzklassen (Spalten) und SC-Instrumenten (Zeilen) gebildet werden. Der tatsächlichen Verteilung der Werte auf die Felder der Kreuztabelle kann nun die bei Unabhängigkeit der Variablen erwartete Verteilung gegenübergestellt werden. Bei Unabhängigkeit sollte sich die Anzahl der Fälle in jedem Feld ungefähr aus dem Wert der Zeilensumme multipliziert mit der Spaltensumme und geteilt durch die Gesamtsumme ergeben. Die Abweichung der tatsächlichen Verteilung von der erwarteten Verteilung kann nun mit einer χ^2-Teststatistik verglichen werden, um eine Aussage über die statistische Signifikanz des Unterschieds zu erhalten (BACKHAUS et al. 2000, S. 229ff).

Es ergeben sich sechs signifikante Mittelwertunterschiede im Rahmen der t-Tests für die metrischen Variablen. Für die einzige ordinale Variable wird durch den Mann-Whitney-Test ebenfalls ein signifikanter Unterschied festgestellt. Die Kontingenzanalysen für die nominalen Variablen ergeben ein weiteres Instrument mit einem statistisch signifikanten Zusammenhang zwischen Supply-Chain-Instrument und Effizienzkategorie.

Für den Erfolgsfaktor SC-Kooperation ist die enge informelle Zusammenarbeit mit Logistikern des Handels (KoopLog) ein signifikantes SC-Instrument. Damit wird ein Element der operativen SC-Kooperation bestätigt. Die übrigen Variablen weisen keinen signifikanten Unterschied zwischen effizienten und nicht-effizienten Herstellern auf (Abbildung 5-5).

Beim Erfolgsfaktor Segmentierung ergibt sich ein signifikanter Unterschied für Kostenanalysen anhand des Segmentierungsmerkmals der Kunden (DiffCoKu). Damit wird die Nutzung der Segmentierung für Analysezwecke bestätigt. Für die Nutzung der Segmentierung zur Differenzierung ergibt sich keine statistisch signifikante Bestätigung (Abbildung 5-6).

ABBILDUNG 5-5: VERGLEICH ZWISCHEN EFFIZIENTEN UND NICHT-EFFIZIENTEN SUPPLY CHAINS (1/6)

(schraffiert) Signifikant mit p = 0,9

SC-Kooperation	Skalen-niveau	Umsetzungsgrad*		Signifikanzniveaus der Unterschiede		
		Effizient	Nicht-eff.	t-Test	Mann-Whitney-Test	Kontingenz-analyse
Strategisch						
3Konstr	Intervall	3,4	3,7	0,475	-	-
KoopCapa	Intervall	2,1	1,7	0,496	-	-
KoopCost	Nominal	57%	52%	-	-	0,787
Operativ						
KoopLog	Intervall	4,0	3,0	0,046	-	-
KoopDatS	Intervall	1,6	1,4	0,603	-	-
KoopKPIs	Nominal	71%	61%	-	-	0,591
KoopPOS	Intervall	1,7	1,5	0,474	-	-

* Mittelwerte für metrisches Skalenniveau, Anteil Unternehmen mit Umsetzung bei binären Nominalskalen

Quelle: Eigene Darstellung

ABBILDUNG 5-6: VERGLEICH ZWISCHEN EFFIZIENTEN UND NICHT-EFFIZIENTEN SUPPLY CHAINS (2/6)

Signifikant mit p = 0,9

Segmentierung	Skalen-niveau	Umsetzungsgrad*		Signifikanzniveaus der Unterschiede		
		Effizient	Nicht-eff.	t-Test	Mann-Whitney-Test	Kontingenz-analyse
Nutzung zur Analyse						
DiffCoKu	Nominal	100%	67%	-	-	0,072
DBPromo	Intervall	4,1	3,5	0,297	-	-
Nutzung zur Differenzierung						
DiffCoGs	Nominal	86%	58%	-	-	0,162
DiffServ	Intervall	1,9	2,2	0,707	-	-

* Mittelwerte für metrisches Skalenniveau, Anteil Unternehmen mit Umsetzung bei binären Nominalskalen
Quelle: Eigene Darstellung

ABBILDUNG 5-7: VERGLEICH ZWISCHEN EFFIZIENTEN UND NICHT-EFFIZIENTEN SUPPLY CHAINS (3/6)

Signifikant mit p = 0,9

Planung/Organisation	Skalen-niveau	Umsetzungsgrad*		Signifikanzniveaus der Unterschiede		
		Effizient	Nicht-eff.	t-Test	Mann-Whitney-Test	Kontingenz-analyse
Planungsprozess						
Plan++	Intervall	4,4	3,4	0,046	-	-
FreezeP	Nominal	57%	61%	-	-	0,865
Organisation						
Verantw	Intervall	4,9	3,5	0,015	-	-
3intKooP	Intervall	4,4	4,0	0,204	-	-
Orgamod	Nominal	-	-	-	-	0,888
Einbindung Partner						
POSForec	Intervall	1,9	1,3	0,227	-	-
CPFR	Intervall	1,3	1,4	0,544	-	-

* Mittelwerte für metrisches Skalenniveau, Anteil Unternehmen mit Umsetzung bei binären Nominalskalen
Quelle: Eigene Darstellung

Innerhalb des Erfolgsfaktors Planung/Organisation werden insbesondere die Aspekte der internen Planungsprozesse und der organisatorischen Verankerung der SC-Verantwortung durch die Auswertung gestützt. Die subjektive Einschätzung der Transparenz in den Planungsprozessen (Plan++) und das Ausmaß der Integration für die Planungsverantwortung (Verantw) weisen einen signifikanten Unterschied zwischen effizienten und nicht-effizienten Herstellern auf. Die Variablen zur Einbindung der SC-Partner in die Planung zeigen keinen signifikanten Zusammenhang (Abbildung 5-7).

Beim Erfolgsfaktor Operative SC-Prozesse wird die Flexibilität für den Source- und Make-Prozess durch beide getesteten Variablen als relevantes SC-Instrument bestätigt. Sowohl die Priorität für Optimierungen in der Produktion als Indikator für die Effizienz der Produktionsprozesse (ZielProd) als auch die subjektiv eingeschätzte Flexibilität in der Produktion (Flexibel) weisen einen signifikanten Unterschied auf. Die Unterschiede bei den Variablen zur Operationalisierung der Flexibilität im Deliver-Prozess sind hingegen nicht signifikant (Abbildung 5-8).

Beim Erfolgsfaktor IT-Systeme wird vor allem die interne Datenverfügbarkeit als Unterscheidungsmerkmal zwischen effizienten und nicht-effizienten Herstellern bestätigt. Effiziente Unternehmen schätzen die Qualität ihrer Bestandsdaten als signifikant besser ein als die nicht-effizienten Unternehmen (StockDat). Die interorganisationale SC-Kommunikation auf der Basis der EDI-Technologie und die Nutzung von Software zur inhaltlichen Unterstützung der Planung können durch die Auswertung nicht bestätigt werden (Abbildung 5-9).

ABBILDUNG 5-8: VERGLEICH ZWISCHEN EFFIZIENTEN UND NICHT-EFFIZIENTEN SUPPLY CHAINS (4/6)

Signifikant mit p = 0,9

Operative SC-Prozesse	Skalen-niveau	Umsetzungsgrad*		Signifikanzniveaus der Unterschiede		
		Effizient	Nicht-eff.	t-Test	Mann-Whitney-Test	Kontingenz-analyse
Deliver-Prozess						
Outsourc	Nominal	57%	58%	-	-	0,983
LogZ	Ratio	70%	65%	0,520	-	-
VMI	Ratio	5,9%	3,4%	0,599	-	-
Source-/Make-Prozess						
ZielProd	Ordinal	2	4	-	0,020	-
Flexibel	Ratio	80%	60%	0,021	-	-

* Mittelwerte für metrisches Skalenniveau, Median für ordinales Datenniveau, Anteil Unternehmen mit Umsetzung bei binären Nominalskalen

Quelle: Eigene Darstellung

ABBILDUNG 5-9: VERGLEICH ZWISCHEN EFFIZIENTEN UND NICHT-EFFIZIENTEN SUPPLY CHAINS (5/6)

Signifikant mit p = 0,9

IT-Systeme	Skalen-niveau	Umsetzungsgrad*		Signifikanzniveaus der Unterschiede		
		Effizient	Nicht-eff.	t-Test	Mann-Whitney-Test	Kontingenz-analyse
Datenverfügbarkeit						
Stockdat	Intervall	5,6	4,6	0,008	-	-
SC-Kommunikation						
EDIBase	Intervall	3,7	3,3	0,479	-	-
EDIAdvan	Intervall	1,6	1,3	0,504	-	-
Inhaltliche Unterstützung						
Software	Intervall	2,7	2,4	0,526	-	-

* Mittelwerte für metrisches Skalenniveau, Anteil Unternehmen mit Umsetzung bei binären Nominalskalen

Quelle: Eigene Darstellung

Für den Erfolgsfaktor Kennzahlensystem erweisen sich die Kennzahlennutzung und die starke Verankerung in der Organisation durch eine häufige Kennzahlenerfassung (FrequKPI) als signifikanter Unterschied. Die Unterschiede im Ausmaß der Erfassung von einzelnen internen und unternehmensübergreifenden Kennzahlen werden nicht als Unterscheidungsmerkmale bestätigt. Die Betrachtung der absoluten Zahlen zeigt zwar auch hier, dass drei der vier betrachteten Kennzahlen (Servicelevel, Planungsgenauigkeit, Regalverfügbarkeit) bei effizienten Unternehmen stärker gemessen werden. Die Unterschiede sind aber nicht signifikant (Abbildung 5-10).

ABBILDUG 5-10: VERGLEICH ZWISCHEN EFFIZIENTEN UND NICHT-EFFIZIENTEN SUPPLY CHAINS (6/6)

Signifikant mit p = 0,9

Kennzahlensystem	Skalen-niveau	Umsetzungsgrad*		Signifikanzniveaus der Unterschiede		
		Effizient	Nicht-eff.	t-Test	Mann-Whitney-Test	Kontingenz-analyse
Interne Kennzahlen						
MServicL	Nominal	100%	82%	-	-	0,221
MForecaA	Nominal	71%	55%	-	-	0,412
Übergreifende Kennzahlen						
MOSA	Nominal	43%	33%	-	-	0,631
KPISati	Nominal	14%	18%	-	-	0,805
Kennzahlennutzung						
Incentiv	Nominal	43%	39%	-	-	0,865
FrequKPI	Ratio	38	19	0,029	-	-

* Mittelwerte für metrisches Skalenniveau, Anteil Unternehmen mit Umsetzung bei binären Nominalskalen
Quelle: Eigene Darstellung

Für jede Erfolgsfaktorhypothese wird damit mindestens eine signifikant unterschiedliche Variable identifiziert. Für die Erfolgsfaktoren Planung/Organisation und operative SC-Prozesse sind sogar je zwei Variablen signifikant unterschiedlich.

Die Erfolgsfaktoren Planung/Organisation und operative SC-Prozesse können daher durch die Betrachtung der einzelnen SC-Instrumente bestätigt werden. Bei der Planung/Organisation werden zwei von drei Untergruppen bestätigt, der Schwerpunkt liegt hier auf den internen Planungsprozessen und der Organisation. Bei den operativen SC-Prozessen werden die beiden SC-Instrumente aus dem Make-Prozess bestätigt.

Die übrigen vier Erfolgsfaktoren können durch die Analyse der einzelnen SC-Instrumente nicht eindeutig bewertet werden. Zwar weist jeweils ein SC-Instrument hier einen signifikanten Unterschied zwischen effizienten und nicht-effizienten Herstellern auf. Auch die übrigen SC-Instrumente weisen meist einen höheren Umsetzungsstand bei den effizienten Herstellern auf. Die Unterschiede sind jedoch nicht groß genug, um bei der kleinen Fallzahl von 40 Herstellern statistisch signifikant gestützt zu werden. Daher können die Erfolgsfaktoren SC-Kooperation, Segmentierung, IT-Systeme und Kennzahlensystem durch die Untersuchung von Unterschieden bei den einzelnen SC-Instrumenten weder bestätigt noch abgelehnt werden.

5.3.1.4. Untersuchung einzelner Unternehmen auf Basis der DEA-Ergebnisse

Neben der Untersuchung allgemeiner Wirkungsmuster für die Gesamtheit der Supply Chains der 40 Herstellern können die DEA-Ergebnisse auch für die individuelle Bewertung einzelner nicht-effizienter Hersteller verwendet werden. Im Folgenden soll illustriert werden, wie die DEA-Ergebnisse eines Unternehmens näher analysiert werden können. Aufgrund der zugesicherten Vertraulichkeit kann dies jedoch nur anonym erläutert werden. Ähnliche Analysen wurden aber für alle interessierten Hersteller durchgeführt und den Interviewpartnern zugänglich gemacht. Die Ergebnisse wurden dabei durch Einschätzung der Interviewpartner bestätigt.

Mit Hilfe der DEA kann eine Projektion der nicht-effizienten Entscheidungseinheiten auf die Effizienzgrenze vorgenommen werden. Der Projektionspunkt kann unter der Annahme der Konvexität (Mischungen von zwei Input-Output-Kombinationen sind realisierbar) durch eine lineare Kombination von existierenden effizienten Vergleichspunkten gebildet werden. Der Vergleich der tatsächlichen Leistungswerte mit den Werten der Projektion kann dem Management darüber Aufschluss geben, wie groß der Verbesserungsbedarf in den einzelnen Leistungsdimensionen ist, um bei einer radialen Verbesserung zur Effizienzgrenze aufzuschließen. Gleichzeitig können durch die Betrachtung und den detaillierten Vergleich mit den Best-Peer-Vergleichseinheiten Ansätze zur Verbesserung identifiziert werden.

ABBILDUNG 5-11: PROJEKTION EINER NICHT-EFFIZIENTEN BEISPIEL-SUPPLY-CHAIN AUF DIE EFFIZIENZGRENZE

(schattiert:) Hauptansatzpunkte für Verbesserungen

Supply Chain 3 - Ausgangspunkt

Servicelevel in % der Positionen:	95%
Lieferzeit:	3,5 Tage
Lieferflexibilität*:	3
Partnerzufriedenheit**:	60
Logistikkosten in % v.U.:	4,0%
Bestandsreichweite:	35 Tage
Produktionskosten*:	2

Supply Chain 3 - Projektion

Servicelevel in % der Positionen:	99,6%
Lieferzeit:	2,4 Tage
Lieferflexibilität*:	5
Partnerzufriedenheit**:	53
Logistikkosten in % v. U.:	3,5%
Bestandsreichweite:	19 Tage
Produktionskosten*:	2,5

Basis für Projektion sind zwei effiziente Best-Peer-Supply-Chains

* Subjektive Einschätzung, Skala von 1 - 6
** Subjektive Einschätzung, Skala von 0 - 100
Quelle: Eigene Darstellung

In Abbildung 5-11 wird als Beispiel die Supply Chain des Herstellers 3 genauer untersucht. Dieses Unternehmen wird dazu mit dem durch die effizienten Hersteller 15 und 21 bestimmten Projektionspunkt auf der Effizienzgrenze verglichen. Dabei wird Verbesserungsbedarf insbesondere für den Servicelevel, die Lieferflexibilität und die Bestandsreichweite identifiziert. Diese Defizite konnten in der Diskussion mit den beteiligten Managern bestätigt werden. Die Partnerzufriedenheit ist bei Hersteller 3 zwar besser ausgeprägt als bei den Vergleichsunternehmen. Dies scheint jedoch in erster Linie durch ein weitgehendes Engagement in Kooperationsprojekten und nicht in der internen Effizienz der Supply Chain begründet zu sein.

Konkrete Verbesserungsmaßnahmen können nun durch den Vergleich der SCM-Praktiken des Herstellers 3 mit den Best-Peer-Unternehmen identifiziert werden. Beim Vergleich der Praktiken fällt eine Reihe von Unterschieden auf, die als mögliche Ansatzpunkte mit den betroffenen Unternehmen diskutiert werden können. Wesentliche Differenzen bestehen insbesondere hinsichtlich der Supply-Chain-Organisation, der Planungsfrequenz und der Produktionsflexibilität.

Supply-Chain-Organisation: Die beiden effizienten Unternehmen haben die Supply-Chain-Verantwortung organisatorisch einheitlicher geregelt als das nicht-effiziente Unternehmen. Bei Hersteller 3 sind verschiedene Instanzen an der Planung von Bestands- und Produktionsmengen beteiligt: So planen hier die nationalen Vertriebsorganisationen den jeweiligen nationalen Bestand und geben die so ermittelten Bedarfsmengen an die europäische Produktion weiter. Diese muss dann auf den bereits bestehenden Planungen aufsetzen und ist insofern in ihrem Entscheidungsspielraum bei der Bedarfsplanung weitgehend eingeschränkt. In den anderen beiden Unternehmen plant die Produktion gleichzeitig die Bestandshöhe in den einzelnen Lagern und den Ablauf der Produktion. Auch für Hersteller 3 sollte überlegt werden, ob durch eine Neugestaltung der Supply-Chain-Prozesse und eine veränderte Regelung der Verantwortung die Qualität der Planung verbessert werden könnte.

Planungsfrequenz: Während die Planungsprozesse bei einem der beiden effizienten Unternehmen durchgehend auf einer wöchentlichen Detaillierungsebene stattfinden, plant das nicht-effiziente Unternehmen nur monatlich. Lediglich in der Feinsteuerung der Produktion erfolgt hier eine weitere Detaillierung. Dies kann eine wesentliche Ursache für den erhöhten Bestand sein. Als Ansatzpunkt zur Verbesserung der Supply-Chain-Effizienz bei Hersteller 3 kommen daher die Verkürzung der Planungszyklen und die Einführung wöchentlicher Planungsprozesse zumindest für die Hauptprodukte des Unternehmens in Frage.

Produktionsflexibilität: Beim Vergleich der Unternehmen fällt auf, dass in der nicht-effizienten Supply Chain die Produktion mehr Vorlaufzeit für Änderungen im Bedarfsplan braucht als in der effizienten. Dies ist nicht nur dem Handel gegenüber etwa bei Sonderanfragen direkt ersichtlich, sondern ist auch als Hauptursache für den geringeren Servicelevel zu sehen. Hersteller 3 sollte dementsprechend Möglichkeiten diskutieren, die Flexibilität in der Produktion und insbesondere an der Schnittstelle der Produktion zu den anderen Bereichen zu erhöhen.

5.1.3.5. Bestimmung eines metrischen Effizienzwertes

Für eine detaillierte statistische Auswertung der SCM-Methoden ist es nicht sinnvoll, allein auf die nominale Effizienzklassifikation zurückzugreifen. Statistische Verfahren wie die Regressionsanalyse setzen eine metrische Datenqualität voraus und erfordern daher die Bestimmung eines metrischen Effizienzwertes.

Als Ergebnis der DEA wird zwar auch ein metrischer Effizienzwert für jede Entscheidungseinheit berechnet, die Verwendung dieses Werts für statistische Analysen ist jedoch problematisch: Der DEA-Effizienzwert drückt immer nur eine relative Effizienzbewertung im Vergleich mit den Best-Peer-Einheiten aus. Eine Interpretation der absoluten Höhe ist daher aber nur im direkten Vergleich einer nicht-effizienten Entscheidungseinheit mit den Best-Peer-Einheiten möglich, nicht jedoch zwischen zwei nicht-effizienten Entscheidungseinheiten. Die Effizienzwerte für die einzelnen Entscheidungseinheiten sind nicht unabhängig voneinander.

Zudem ist die Höhe des Wertes stark von der Stichprobe abhängig: Durch Hinzufügen neuer effizienter Entscheidungseinheiten oder durch den Wegfall einzelner effizienter Entscheidungseinheiten können sich die Effizienzwerte sowohl absolut als auch in der Rangfolge untereinander verändern. LI (1996, S. 77ff) zeigt anhand eines einfachen Beispiels, dass durch den Vergleich von BCC-Effizienzwerten von zwei Entscheidungseinheiten eine Effizienzreihenfolge unterstellt wird, die sich durch eine tiefere Analyse als falsch erweist.

Es bestehen drei Möglichkeiten mit der beschriebenen Fehlerquelle umzugehen, wenn ein metrisch skalierter Effizienzwert für weitere Analysen verwendet werden soll: Ignorieren des Fehlers, Explizite Berücksichtigung des Fehlers und Vermeidung des Fehlers.

- **Ignorieren des Fehlers:** Eine Reihe von Untersuchungen verwenden die DEA-Effizienzwerte trotz der oben beschriebenen Problematik. Ein Beispiel hierfür ist die Anwendung der DEA in einer deutschsprachigen Erfolgsfaktorenanalyse bei SCHEFCZYK (1994), in der eine Regressionsanalyse mit den DEA-Werten als abhängige Variable durchgeführt wird. Andere Arbeiten führen vor der weiteren Auswertung zunächst eine Transformation der DEA-Werte durch (LOVELL et al. 1994). Dadurch wird das Hauptproblem der Relativität der DEA-Werte jedoch nicht gelöst. Dieses Vorgehen ist daher methodisch fragwürdig.

- **Explizite Berücksichtigung des Fehlers:** Andere Untersuchungen verwenden die Effizienzwerte, berücksichtigen den Fehler aber bei der Auswertung. Der Bootstrap-Ansatz bietet die Möglichkeit, die Sensitivität der DEA-Effizienzwerte in Hinsicht auf die Auswahl der betrachteten Entscheidungseinheiten zu quantifizieren (SIMAR/WILSON 1998).

  XUE/HARKER (1999) schlagen die Anwendung des Bootstrap-Ansatzes in einem zweistufigen Verfahren vor. Im ersten Schritt werden die DEA-Effizienzwerte bestimmt. Dazu werden wiederholt DEA-Programme mit zufällig bestimmten Unterstichproben aus den vorhandenen Entscheidungseinheiten gelöst. Aus den Schwankungen der Effizienzwerte in Abhängigkeit von der Stichprobenzusammensetzung können Effizienzintervalle abgeleitet werden. Im zweiten Schritt wird eine Regressionsanalyse auf der Basis der Effizienzintervalle anstatt punktueller Effizienzwerte durchgeführt. Der Nachteil des Bootstrap-Ansatzes ist jedoch, dass weiterhin kein direkt interpretierbarer metrischer Effizienzwert zur Verfügung steht.

- **Vermeidung des Fehlers durch Ableitung neuer Effizienzwerte:** Durch den Verzicht auf die relative Ermittlung der Effizienzwerte wird die oben beschriebene Problematik aufgelöst. Anstelle der für jede Entscheidungseinheit individuell ermittelten Gewichte müssen dazu einheitliche Gewichte bestimmt werden. Dadurch wird zwar ein Vorteil der DEA, nämlich die individuelle Berücksichtigung der Stärken und Schwächen, aufgegeben. Dafür lassen sich so aber methodisch unbedenkliche Effizienzwerte erzielen. Dieses Vorgehen wird im Folgenden verwendet.

SINUANY-STERN/FRIEDMAN (1998) schlagen hierzu eine Verknüpfung der DEA mit der Diskriminanzanalyse vor. In einem ersten Schritt lösen sie das DEA-Problem unter Verwendung eines gewöhnlichen CCR-Modells. In einem zweiten Schritt wird dann im Rahmen der Diskriminanzanalyse eine für alle Entscheidungseinheiten gültige einheitliche Gewichtung ermittelt. Ziel ist es dabei, die DEA-Klassifizierung in effiziente und nicht-effiziente Entscheidungseinheiten so gut wie möglich nachzubilden. Auf der Basis der so bestimmten Gewichte werden schließlich neue Effizienzwerte ermittelt. Die Diskriminanzanalyse kann in dieser Art und Weise auch als Kontrollmechanismus zur DEA verwendet werden. Dazu kann überprüft werden, ob die durch die Diskriminanzanalyse gebildeten Gruppen stark von den DEA-Gruppen der effizienten und ineffizienten Entscheidungseinheiten abweichen (MARTIC/SAVIC 2001). Allerdings wird die Anwendung der Diskriminanzanalyse sehr komplex, wenn die Struktur des Effizienzwertes als Quotient aus Output und Input beibehalten werden soll.

Im Folgenden wird daher eine einfachere Alternative angewendet. Dazu werden die individuellen Gewichtungen aus der DEA-Analyse direkt ausgewertet. Im Rahmen der DEA-Analyse wird für jede Entscheidungseinheit (in der vorliegenden Untersuchung die 40 Hersteller) individuell eine Gewichtung aller Leistungsdimensionen erstellt. Für jede Leistungsdimension liegen also 40 verschiedene Gewichte vor, aus denen ein Mittelwert bestimmt werden kann. Im Folgenden werden diese Mittelwerte als feste Gewichte zur Bestimmung eines absoluten Effizienzwertes verwendet. Wie bei der Bestimmung der Supereffizienz werden dadurch auch Effizienzwerte > 1 ermöglicht, die auch innerhalb der effizienten Unternehmen weiter differenzieren (ANDERSEN/PETERSEN 1993).

Bei der Anwendung des Verfahrens werden von den sieben DEA-effizienten Herstellern fünf Hersteller mit einem Effizienzwert von 1 oder mehr bewertet (Abbildung 5-12). Damit ergibt sich eine hohe Übereinstimmung zwischen DEA-Klassifikation und dem metrischen Effizienzwert. Hersteller, die auf den einzelnen Dimensionen stark unterschiedliche Leistungen zeigen, schneiden mit den neuen Gewichten tendenziell schlechter ab als vorher. Dies erklärt, dass zwei DEA-effiziente Hersteller nun Effizienzwerte < 1 erhalten.

ABBILDUNG 5-12: VERTEILUNG DER METRISCHEN EFFIZIENZWERTE UND VERGLEICH MIT DER DEA-KLASSIFIKATION

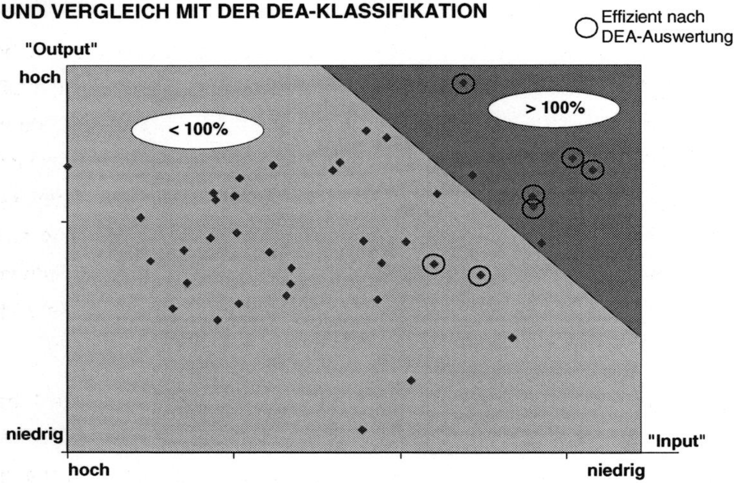

Quelle: Eigene Darstellung

Ein Vergleich der absoluten Höhe der Effizienzwerte ist nun zulässig, da die individuellen Gewichte der DEA durch die durchschnittlichen Gewichte für alle

Leistungsdimensionen ersetzt worden sind. Nach einer Normierung mit den Mittelwerten der Leistungsdimensionen ergeben sich die folgenden Gewichte:

- Input: Logistikkosten 36%, Bestandsreichweite 32%, Produktionskosten 32%
- Output: Servicelevel 23%, Lieferflexibilität 24%, Lieferzeit 25%, Partnerzufriedenheit 28%

Im Folgenden werden die Effizienzwerte, die mit der festen Gewichtung bestimmt wurden, als SC-Leistung bezeichnet.

5.3.2. Untersuchung der Gruppierung der SC-Instrumente zu Erfolgsfaktoren

5.3.2.1. Diskussion der Methodenalternativen

Bisher sind die einzelnen SC-Instrumente nur getrennt voneinander analysiert worden. Interaktionseffekte zwischen den SC-Instrumenten wurden dabei vernachlässigt. Der folgende Abschnitt thematisiert nun die Beziehungen der SC-Instrumente untereinander. Ausgangspunkt hierfür sind die sechs Erfolgsfaktoren aus Abschnitt 4 (SC-Kooperation, Segmentierung, Planung/Organisation, operative SC-Prozesse, IT-Systeme und Kennzahlensystem). Die Zuordnung der einzelnen SC-Instrumente zu den Erfolgsfaktoren erfolgte in Abschnitt 4 ausschließlich auf der Basis bestehender Forschungsergebnisse. Diese Zuordnung muss nun empirisch überprüft werden. Dazu kommen grundsätzlich die statistischen Methoden der Faktorenanalyse und der Clusteranalyse in Frage.

Ausgangspunkt der **Faktorenanalyse** ist die Trennung zwischen direkt beobachtbaren Variablen und hypothetischen Konstrukten. In der vorliegenden Befragung ist zum Beispiel die Variable "Umsetzungsgrad Vendor Managed Inventory" direkt beobachtbar durch die Antwort auf die Fragebogenfrage "Für welchen Anteil vom Umsatz übernehmen Sie die Bestandssteuerung im Handelslager (VMI)?" Die Erfolgsfaktoren dieser Untersuchung sind hingegen hypothetische Konstrukte. Die Konstrukte können nicht direkt erfasst, sondern nur über die Variablen der zugeordneten SC-Instrumente mittelbar gemessen werden. Dem Erfolgsfaktor "Operative SC-Prozesse" ist z.B. die VMI-Variable zugeordnet.

Zur Untersuchung der Beziehung zwischen Konstrukten und direkt beobachtbaren Variablen sind bei der Faktorenanalyse zwei grundsätzliche Vorgehensweisen möglich: Ein exploratives oder ein konfirmatorisches Vorgehen (BACKHAUS et al. 2000, S. 320f).

- Bei einer **explorativen Faktorenanalyse** werden die direkt beobachtbaren Variablen auf Gemeinsamkeiten hin untersucht. Daraufhin werden Faktoren extrahiert, die vorerst nur statistisch begründet sind. Die Interpretation der Faktoren und deren inhaltliche Begründung erfolgt auf der Basis des Datenmaterials, also nur eingeschränkt theoriegetrieben.

  Die explorative Faktorenanalyse wird daher in Untersuchungen eingesetzt, in denen die Theorie noch nicht ausreicht, um im Vorfeld Hypothesen zu den Faktoren aufzustellen. Für die vorliegende Untersuchung ist ein solches Vorgehen aber nicht sinnvoll, da schon dezidierte Hypothesen über die Beziehungen zwischen Variablen und Faktoren bestehen.

- Bei einer **konfirmatorischen Faktorenanalyse** basiert die Auswertung auf bestehenden Hypothesen. Die Gruppierung der Variablen zu Faktoren geschieht bereits im Vorfeld und wird dann empirisch überprüft. Dazu werden in einem Modell die Beziehungen zwischen den Konstrukten und den einzelnen Variablen den Hypothesen entsprechend als Kausalbeziehungen abgebildet. Die Beziehungen der Konstrukte untereinander können durch Korrelationen abgebildet werden.

Die konfirmatorische Faktorenanalyse schätzt dann die Modellparameter auf der Basis der Korrelations- bzw. Kovarianzmatrix der empirisch beobachtbaren Variablen. Die Güte des Ergebnisses kann durch eine Reihe von Kriterien bewertet werden. Abbildung 5-13 zeigt, wie ein solches Modell für die Erfolgsfaktoren und SC-Instrumente der Untersuchung im Softwarepaket AMOS aussieht.

Eine konfirmatorische Analyse wäre ideal, um in der vorliegenden Untersuchung die Beziehungen zwischen Erfolgsfaktoren und SC-Instrumenten gesamthaft zu untersuchen. Die Anwendung wird jedoch durch die zu kleine Stichprobe verhindert. Verschiedene Faustregeln beziffern die Mindeststichprobe für Modelle mit mehr als 30 Variablen auf 80 bis 200 (BACKHAUS et al. 2000, S. 493) und damit deutlich über den zur Verfügung stehenden 40 Fällen. Zu kleine Stichproben machen es jedoch unmöglich, die Güte des Modells zu bewerten (BYRNE 2001, S. 78ff). Die Faktorenanalyse kann daher in dieser Untersuchung nicht eingesetzt werden.

ABBILDUNG 5-13: ABBILDUNG EINES MODELLS ZUR KONFIRMATORISCHEN FAKTORENANALYSE IN AMOS

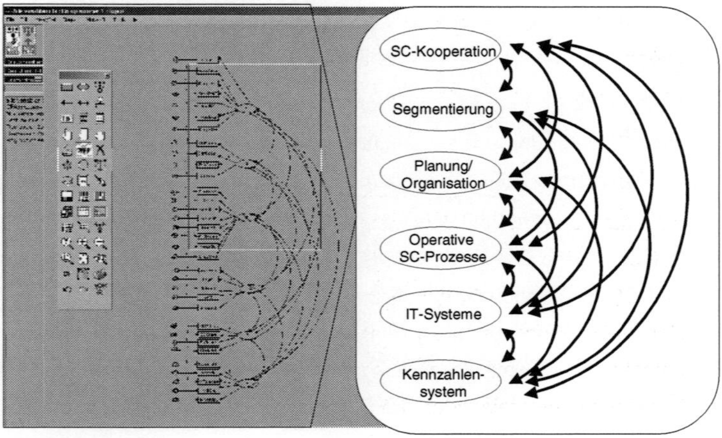

Quelle: Eigene Darstellung

Daher wird im Folgenden eine **Clusteranalyse** durchgeführt, die auch bei geringeren Stichprobenzahlen problemlos anzuwenden ist. Die Clusteranalyse ist ein Verfahren zur Klassifizierung von Objekten. Dabei geht die Clusteranalyse in drei Schritten vor (BACKHAUS et al. 2000, S. 329ff):

Schritt 1: Bestimmung der Ähnlichkeit zwischen den Objekten: Die Unterschiede bzw. Gemeinsamkeiten von zwei Objekten auf den betrachteten Merkmalen können durch ein Ähnlichkeitsmaß ausgedrückt werden. Ergebnis des ersten Schritts ist eine Matrix, die die Ähnlichkeit zwischen allen Objekten quantifiziert.

Schritt 2: Bildung von Clustern: Auf der Basis der Ähnlichkeitswerte werden die Objekte zu Clustern zusammengefasst. Innerhalb der Cluster soll die Ähnlichkeit möglichst groß sein. Zwischen den Clustern soll möglichst wenig Ähnlichkeit vorliegen.

Schritt 3: Interpretation: Die gebildeten Cluster werden durch den Forscher inhaltlich interpretiert und benannt. Dabei kann auch die Anzahl der Cluster eventuell weiter verändert werden.

5.3.2.2. Durchführung und Ergebnisse der Clusteranalyse

Im vorliegenden Fall werden die einzelnen SC-Instrumente als Objekte betrachtet. Die Ausprägungen der SC-Instrumente bei den 40 untersuchten Herstellern können als Merkmale aufgefasst werden. Durch die Clusteranalyse können so Gruppen von SC-Instrumenten gebildet werden, die einen ähnlichen Umsetzungsgrad in den Unternehmen aufweisen. Wenn die vorab formulierten Erfolgsfaktoren den empirisch bestimmten Clustern entsprechen, können sie als bestätigt gelten. Erfolgsfaktoren, deren zugeordnete SC-Instrumente über viele Cluster verstreut sind, müssen hinterfragt werden. Die Durchführung der Clusteranalyse erfolgt in den oben beschriebenen drei Schritten.

In **Schritt 1** muss zunächst das Ähnlichkeitsmaß ausgewählt werden. Die Ähnlichkeitsmaße lassen sich unterteilen in Ähnlichkeitsmaße für metrische und binär-nominale Daten. Eine Reihe der hier untersuchten Daten ist nur auf nominalem Skalenniveau vorhanden, daher muss ein Ähnlichkeitsmaß für nominale Daten verwendet werden. Alle metrischen Daten werden hierzu in binäre Daten transformiert und erhalten die neue Variablenausprägung 0, wenn die alte Variablenausprägung kleiner als der Median der Variable ist, bzw. die neue Variablenausprägung 1, wenn die alte Variablenausprägung größer oder gleichgroß als der Median ist.

Für binär-nominale Daten kann unter einer Reihe von Ähnlichkeitsmaßen ausgewählt werden. Sie unterscheiden sich zum einen dadurch, dass nur der gemeinsame Besitz einer Eigenschaft (positive Übereinstimmung) oder auch der Nichtbesitz einer Eigenschaft (negative Übereinstimmung) als Ähnlichkeit erfasst werden soll. Zum anderen sind verschiedene Gewichtungen und Aggregationsverfahren möglich. Im vorliegenden Fall sollen positive und negative Übereinstimmungen im gleichen Ausmaß erfasst werden, da auch die Nicht-Umsetzung eines SC-Instruments eine relevante Ausprägung für die Beschreibung der Unternehmen darstellt. Bei der Aggregation sollen alle Variablen gleichgewichtet werden. Ein Ähnlichkeitsmaß, das diese Anforderungen erfüllt, ist der Simple-Matching-Koeffizient. Er berechnet Ähnlichkeit als den Quotienten aus gemeinsamen Ausprägungen und der Gesamtanzahl der Variablen und nimmt dadurch Werte zwischen 0 und 1 ein. Diese Ähnlichkeitswerte werden in einer Ähnlichkeitsmatrix zusammengefasst.

Die ermittelte Ähnlichkeitsmatrix bildet nun den Ausgangspunkt für die Gruppierung der Variablen zu Clustern in **Schritt 2**. Dazu muss zunächst der Algorithmus zur Clusterbildung festgelegt werden. Hierzu lassen sich agglomerative Verfahren von partitionierenden Verfahren unterscheiden. Während agglomerative Verfahren zu Beginn für jede Variable ein eigenes Cluster bilden und dann die Anzahl der Cluster Schritt für Schritt durch Zusammenlegen von Clustern verringern, gehen partitionierende Verfahren den umgekehrten Weg durch die schrittweise Aufteilung eines einzigen großen Anfangsclusters. Agglomerative Verfahren bieten den Vorteil, dass die ersten zusammenführenden Schritte den

Lösungsraum für das Endergebnis weniger stark einschränken als die ersten Aufteilungsschritte bei partitionierenden Verfahren, und kommen daher auch hier zum Einsatz (BACKHAUS et al. 2000, S. 348ff).

Basis für die schrittweise Clusterbildung ist die Distanzberechnung zwischen den bestehenden Clustern. Dazu werden im Folgenden zwei Verfahren eingesetzt: Das Single-Linkage-Verfahren und das Complete-Linkage-Verfahren.

Im Rahmen des Single-Linkage-Verfahrens wird für die Distanzberechnung von zwei Clustern innerhalb jedes Clusters eine Stellvertretervariable gesucht, die die Distanz zum anderen Cluster minimiert. Dadurch entsteht die Tendenz, wenige große Cluster zu bilden, die sich wie eine Kette immer an den Rändern erweitern. Die Variablen, die als letzte zu den großen Clustern hinzugefügt werden, stellen daher Ausreißer dar, die die größte Distanz zu allen anderen Variablen aufweisen. Das Single-Linkage-Verfahren ist daher sinnvoll, um Ausreißer zu identifizieren, und diese dann vor der weiteren Analyse mit anderen Verfahren auszuschließen (BACKHAUS et al. 2000, S. 357f).

Im vorliegenden Fall werden fünf Variablen mit einer sehr großen Distanz als letzte zu den übrigen Clustern hinzugefügt:

- DiffServ (Streben Sie unterschiedliche Servicelevel und Lieferzeiten für einzelne Händler an?)
- LogZ (Anteil Zentrallagerlieferungen beim Handel)
- 3Konstr (Ist die Zusammenarbeit mit dem Handel konstruktiv?)
- ZielProd (An welcher Stelle steht das Ziel Produktionskostenreduktion?)
- StockDat (Können Sie sich auf die punktgenaue Qualität Ihrer Bestandsdaten verlassen?)

Diese fünf SC-Instrumente weisen nur geringe Zusammenhänge mit den übrigen SC-Instrumenten auf und werden daher für die weitere Clusteranalyse eliminiert. Die Ausklammerung der Variablen gilt aber nur im Rahmen der Clusteranalyse für die Gruppenbildung und die Analyse der Interaktion zwischen den SC-Instrumenten. Die Erfolgswirkung der SC-Instrumente ist unabhängig von ihrem Zusammenhang zu den anderen Instrumenten.

Für die weitere Analyse wird das Complete-Linkage-Verfahren eingesetzt. Hier werden die Stellvertreter der Cluster so bestimmt, dass sich die beiden unähnlichsten einzelnen Variablen gegenüberstehen. Dadurch ergeben sich im Rahmen des Complete-Linkage-Verfahrens tendenziell mehrere mittelgroße Cluster. Damit bietet das Complete-Linkage-Verfahren die beste Ausgangsbasis, um die hypothetisch bestimmten sechs Erfolgsfaktoren zu überprüfen.

Die Ergebnisse der Clusteranalyse lassen sich in Form eines Dendogramms aufzeigen (Abbildung 5-14). Dabei wird die schrittweise Zusammenführung der Cluster durch Verbindungslinien aufgezeigt. Die Distanz zwischen den jeweiligen Stellvertretern bei den einzelnen Clusterzusammenführungen ist durch die Entfernung der Verbindungslinien vom Ursprung abgebildet.

ABBILDUNG 5-14: ERGEBNISSE DER CLUSTERANALYSE: GRUPPENBILDUNG DURCH DIE COMPLETE-LINKAGE-METHODE

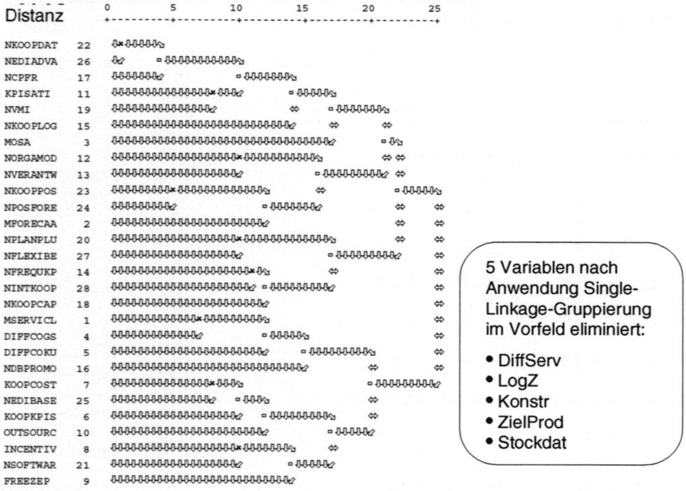

Quelle: Eigene Darstellung

Bei der Betrachtung des Dendogramms fällt auf, dass die Clusterzusammenführungen bei relativ großen Distanzen stattfinden. Große Distanzen weisen darauf hin, dass die Ähnlichkeit der untersuchten Objekte insgesamt relativ schwach ausgeprägt ist. Dies ist dadurch bedingt, dass die Objekte in diesem Fall die SC-Instrumente sind und die 40 Unternehmen nicht immer den gleichen Umsetzungsmustern folgen. Wenn zum Beispiel Produkte anhand wahrgenommener Produkteigenschaften klassifiziert werden, sind viel stärkere Ähnlichkeiten und damit geringere Distanzen zu erwarten.

Die Interpretation des Dendogramms und die Festlegung der Clusteranzahl erfolgt in **Schritt 3**. An dieser Stelle werden auch die inhaltlichen Bedeutungen der Objekte stärker berücksichtigt.

Das vorliegende Dendogramm gibt keinen eindeutigen Aufschluss darüber, wie viele Cluster gebildet werden sollen. Die Zusammenführung von Clustern geschieht kontinuierlich bei Distanzwerten zwischen 1 und 25. Es sind keine größeren Sprünge zu verzeichnen, die als Abbruchstelle bei der Bildung von Clustern genutzt werden könnten. Daher werden im vorliegenden Fall zunächst sechs Cluster gebildet, um die sechs hypothetischen Erfolgsfaktoren zu überprüfen. Durch die Analyse von mehr oder weniger Clustern können alternative Zuordnungen ausgewertet werden. Es zeigt sich, dass bei der Bildung von sechs Clustern eine sinnvolle inhaltliche Interpretation von vier Clustern möglich ist. Werden sieben oder mehr Cluster gebildet, werden die interpretierbaren Cluster unterteilt, die Aussagekraft der Clustereinteilung verringert sich. Werden nur fünf Cluster gebildet, bleiben die vier interpretierbaren Cluster erhalten und die zwei nicht interpretierbaren Cluster werden zusammengefasst (Abbildung 5-15).

Daher ist im vorliegenden Fall die Bildung von fünf Clustern am sinnvollsten. Vier der fünf Cluster entsprechen dann hypothetisch bestimmten Erfolgsfaktoren. Während zwei Cluster sehr große Ähnlichkeiten mit Erfolgsfaktoren aufweisen und damit als bestätigt gelten können, ist bei den anderen zwei Faktoren wegen der geringeren Übereinstimmung eine Neuinterpretation sinnvoll. Für diese beiden Erfolgsfaktoren ist daher keine eindeutige Bestätigung möglich, vielmehr folgt die Neuinterpretation einem explorativen Vorgehen, das einer weiteren empirischen Überprüfung bedarf.

ABBILDUNG 5-15: BILDUNG UND INTERPRETATION VON FÜNF CLUSTERN

Variable	7 Cluster	6 Cluster	5 Cluster
MServicL	1	1	1
DiffCoGs	1	1	1
DiffCoKu	1	1	1
DBPromo	1	1	1
MForecaA	2	2	2
Orgamod	2	2	2
Verantw	2	2	2
KoopPOS	2	2	2
POSForec	2	2	2
MOSA	3	3	3
KPISati	6	3	3
KoopLog	6	3	3
CPFR	6	3	3
VMI	6	3	3
KoopDatS	6	3	3
EDIAdvan	6	3	3
KoopKPIs	4	4	4
KoopCost	4	4	4
Outsourc	4	4	4
EDIBase	4	4	4
Incentiv	5	5	4
FreezeP	5	5	4
Software	5	5	4
FrequKPI	7	6	5
KoopCapa	7	6	5
Plan++	7	6	5
Flexibel	7	6	5
3IntKoop	7	6	5

5 Cluster	Übereinstimmung mit Erfolgsfaktoren	Weitergehende Interpretation
1	Segmentierung	• ---
2	Planung/ Organisation	• ---
3	(SC-Kooperation)	• "Operative/taktische Kooperation" • Ohne strategische Elemente • Enthält viele Kooperationsinstrumente, die vorher anderen Themen zugeordnet waren, aber eher Kooperation ausdrücken
4	---	• Keine eindeutige Interpretation möglich
5	(Operative SC-Prozesse)	• "Flexibilität in operativen Prozessen" • Fokus auf Flexibilität und Steuerungsaspekte der Produktion, Logistik nur indirekt vertreten

Quelle: Eigene Darstellung

Das erste Cluster ist nahezu identisch mit dem Erfolgsfaktor der Segmentierung. Drei der vier Variablen sind enthalten (DiffCoKu, DBPromo, DiffCoGs). Nicht enthalten ist lediglich das Instrument der Differenzierung von Servicelevel und Lieferzeit (DiffServ), das im Vorfeld als Ausreißer identifiziert worden war. Dafür ist eine Variable zur Kennzahlenmessung (MServicL) enthalten. Der Erfolgsfaktor wird damit bestätigt.

Das zweite Cluster entspricht dem Erfolgsfaktor Planung/Organisation. Drei der sieben Variablen sind hier enthalten (OrgaMod, Verantw, POSForec). Die zusätzlich enthaltene Variable zum Austausch von POS-Daten (KoopPOS) war theoretisch der Kooperation zugeordnet, hängt aber empirisch stärker mit der Nutzung der POS-Daten im Rahmen der Planungsprozesse zusammen. Die ebenfalls enthaltene Messung der Planungsgenauigkeit (MforecaA) steht in engem inhaltlichen Zusammenhang mit der Ausgestaltung der Absatzplanung. Der Erfolgsfaktor kann daher als bestätigt gelten.

Die SC-Kooperation ist durch das dritte Cluster abgebildet. Zwar sind nur zwei der theoretisch zugeordneten Variablen enthalten (KoopLog, KoopDatS). Dafür sind in dem Cluster jedoch eine Reihe von taktischen Kooperationsinstrumenten abgebildet, die ursprünglich anderen Prozessen zugeordnet waren. CPFR, VMI und die Messung unternehmensübergreifender Kennzahlen (MOSA, KPISati) sowie der Datenaustausch per EDI (EDIAdvan) sind zweifelsohne kooperative Praktiken. Die Clusteranalyse zeigt, dass die Beziehung dieser Kooperationselemente untereinander stärker ausgeprägt ist als die Beziehung zu den jeweiligen operativen Prozessen (z.B. der Zusammenhang zwischen CPFR und internen Planungsprozessen). Die strategische SC-Kooperation ist in dem Cluster nicht enthalten, es kann daher als operative/taktische Kooperation uminterpretiert werden. Eine eindeutige Bestätigung im Sinne des konfirmatorischen Vorgehens ist aufgrund der Uminterpretation aber nicht möglich.

Das fünfte Cluster kann im Zusammenhang mit den operativen SC-Prozessen als operative Flexibilität interpretiert werden. Neben die Flexibilität der Produktion (Flexibel) treten Variablen, die als Voraussetzung für Flexibilität von Seiten der Planungsprozesse betrachtet werden können: Die Transparenz der Planungsprozesse (Plan++) und die Abstimmung zwischen den Unternehmensfunktionen (3IntKoop). Zusätzlich kann die häufige Aktualisierung von Kennzahlen (FrequKPI) als Indikator für flexible operative Prozesse interpretiert werden. Die Instrumente, die sich auf die Logistik beziehen, sind in dem Cluster nicht enthalten. Der Erfolgsfaktor operative SC-Prozesse kann daher uminterpretiert werden als operative Flexibilität in Produktion und Planung. Die Logistikprozesse sind getrennt hiervon zu betrachten. Die langfristige Kapazitätsplanung mit SC-Partnern (KoopCapa) ist zwar statistisch dem Cluster zuzuordnen, fällt aber aus dem Rahmen der inhaltlichen Interpretation. Damit kann auch der Erfolgsfaktor operative SC-Prozesse nicht eindeutig bestätigt werden.

Dem vierten Cluster entspricht kein Erfolgsfaktor. Die enthaltenen Variablen entstammen 5 verschiedenen Erfolgsfaktoren. Dementsprechend werden die Erfolgsfaktoren IT-Systeme und Kennzahlensystem durch die Clusteranalyse nicht bestätigt.

5.3.3. Auswertung des Gesamtmodells der Erfolgsfaktoren

5.3.3.1. Diskussion der Methodenalternativen

Für die Untersuchung der Kausaleffekte der Erfolgsfaktoren ergibt sich ein ähnliches methodisches Problem wie in Abschnitt 5.3.2. Das ideale Verfahren zur gesamthaften Bewertung der Kausalbeziehungen wäre eine Kausalanalyse. Da diese jedoch aufgrund der zu kleinen Stichprobe nicht durchführbar ist, muss auf eine andere Methode zurückgegriffen werden.

Die Kausalanalyse bietet den Vorteil, dass die Beziehungen zwischen den direkt beobachtbaren Variablen und den Konstrukten explizit in die Analyse der Kausalzusammenhänge einbezogen werden. Dazu werden ein Strukturmodell und Messmodelle getrennt voneinander formuliert (Abbildung 5-16).

ABBILDUNG 5-16: THEORETISCHE KONSTRUKTE ERFORDERN TRENNUNG ZWISCHEN MESSMODELLEN UND STRUKTURMODELL

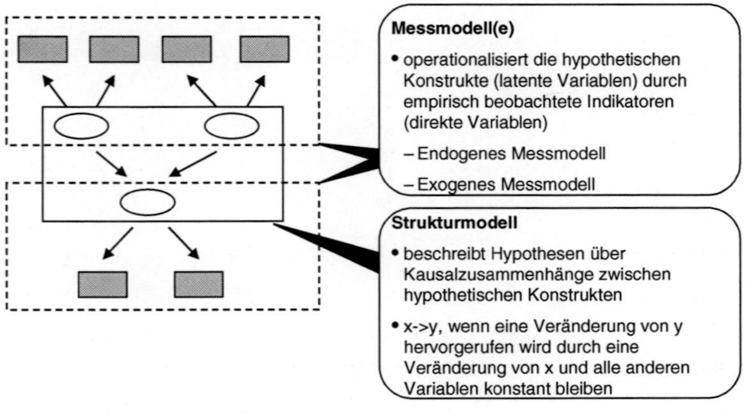

Quelle: Eigene Darstellung

Im Strukturmodell werden die Beziehungen zwischen den Konstrukten beschrieben. In den zusätzlich erstellten Messmodellen werden Beziehungen der Konstrukte zu den Indikatorvariablen formuliert. Je nachdem ob die beschriebenen Variablen exogen oder endogen sind, spricht man auch vom exogenen oder endogenen Messmodell. Durch die Formulierung der Messmodelle können in der Kausalanalyse Messfehler explizit berücksichtigt werden und in die Bewertung der Modellgüte einfließen. Bei der Analyse der erklärten Varianz können Messfehler und Fremdeinflüsse gleichzeitig betrachtet werden und zu einer Aussage über die Modellgüte verdichtet werden.

Zur Lösung des Modells werden analog zum Vorgehen bei der konfirmatorischen Faktorenanalyse nun die vorhandenen Daten so gut wie möglich an die Modellgleichungen angepasst. Daher gilt auch hier, dass die zur Verfügung stehenden 40 Fälle weit unter der Mindeststichprobe von 80 bis 200 liegen und damit den Einsatz der Kausalanalyse verhindern.

Eine Alternative für die Bewertung der Kausalbeziehungen stellt der Rückgriff auf eine multiple Regressionsanalyse dar. Die Regressionsanalyse kann Beziehungen zwischen abhängigen und unabhängigen Variablen erklären. Durch Regressionskoeffizienten wird ausgedrückt, wie stark der Einfluss der unabhängigen Variablen auf die abhängige Variable ist. Dabei kann eine Aussage über die Stärke der Zusammenhänge unter der Berücksichtigung der Abhängigkeiten der einzelnen SC-Instrumente untereinander gemacht werden. Es findet jedoch keine explizite Berücksichtung dieser Zusammenhänge durch die Einbeziehung der Konstrukte (Erfolgsfaktoren) in das Modell statt.

Die Regressionsanalyse geht in vier Schritten vor (BACKHAUS et al. 2000, S. 8ff).

Schritt 1: Formulierung des Modells: Im ersten Schritt wird das Regressionsmodell formuliert. An dieser Stelle wird entschieden, welche Variablen als abhängige und unabhängige Variablen in das Modell eingehen. Dabei wird auch die Art des Zusammenhangs festgelegt; meist wird ein lineares Regressionsmodell verwendet.

Schritt 2: Schätzung der Regressionsfunktion: Die Parameter der Regressionsfunktion werden so bestimmt, dass die Funktion die empirischen

Daten so gut wie möglich abbildet. Dies wird methodisch durch eine Minimierung der quadrierten Abweichungen erreicht. Um die so ermittelten Regressionskoeffizienten für die einzelnen abhängigen Variablen untereinander vergleichen zu können, werden die Koeffizienten standardisiert.

Schritt 3: Prüfung der Regressionsfunktion: Wenn die geschätzten Zusammenhänge aus einer Stichprobe berechnet werden, muss in einem letzten Schritt überprüft werden, wie wahrscheinlich die Zusammenhänge auch für die Gesamtheit gelten. Hierzu können Teststatistiken für das Gesamtmodell (F-Test) und für die einzelnen abhängigen Variablen (t-Test) verwendet werden. Variablen, die nicht mit einer festgelegten Mindestwahrscheinlichkeit (meist $p = 0{,}9$ oder $p = 0{,}95$) bestätigt werden, werden aus dem Modell entfernt.

Schritt 4: Voraussetzungen: Die Regressionsanalyse stellt eine Reihe von Voraussetzungen an die verwendeten Daten. Sind die Voraussetzungen nicht erfüllt, kann dies dazu führen, dass die Ergebnisse verzerrt werden oder deren Schätzung unzuverlässig ist. Daher werden die Voraussetzungen der Linearität, Vollständigkeit, Homoskedastizität, Abwesenheit von Autokorrelationen, Abwesenheit von exakter Multikollinearität und der Normalverteilung der Residualgrößen überprüft.

5.3.3.2. Durchführung und Ergebnisse der Regressionsanalyse

Die Vorarbeiten für **Schritt 1**, die Formulierung des Regressionsmodells, liegen durch die Formulierung der Erfolgsfaktorhypothesen vor. Die SC-Instrumente stellen die unabhängigen (erfolgsverursachenden) Variablen dar. Die SC-Leistung ist die dadurch beeinflusste abhängige Variable. Da die Regressionsanalyse metrisches Skalenniveau bei allen Variablen voraussetzt, können die nominal und ordinal gemessenen SC-Instrumente nicht in die Analyse aufgenommen werden.

Um aus den 20 in das Modell aufgenommenen metrischen Variablen diejenigen mit der stärksten Erfolgswirkung auszufiltern, werden die **Schritte 2 und 3** im Rahmen eines schrittweisen Vorgehens simultan durchgeführt. Dazu wird die Regressionsgleichung schrittweise um je eine unabhängige Variable erweitert. Zuerst wird nur die unabhängige Variable mit der höchsten Erklärungskraft (Partieller Korrelationskoeffizient) in das Modell aufgenommen. Dann werden schrittweise weitere unabhängige Variablen hinzugefügt. Die Aufnahme neuer Variablen erfolgt aber nur, wenn sie einen zusätzlichen signifikanten Erklärungsbeitrag leisten. Sollte sich durch die Neuaufnahme von Variablen der Erklärungsbeitrag von schon aufgenommenen Variablen als nicht mehr signifikant erweisen, werden diese in einem nächsten Schritt wieder aus dem Modell entfernt.

Durch dieses Vorgehen werden in fünf Schritten fünf der 20 Variablen in das Regressionsmodell aufgenommen (Abbildung 5-17):

ABBILDUNG 5-17: FÜNF VARIABLEN DURCH SCHRITTWEISE MULTIPLE REGRESSIONSANALYSE BESTÄTIGT

	Aufgenommene Variablen		
Erfolgsfaktor	**Bezeichnung**	**Std. Beta**	**Signifikanz***
SC-Kooperation	KoopLog 3Konstr	+0,24 -0,35	0,056 0,011
Segmentierung	---		
Planung/ Organisation	Verantw	+0,38	0,003
Operative SC-Prozesse	Flexibel LogZ	+0,30 +0,28	0,016 0,045
IT-Systeme	---		
Kennzahlen-system	---		

* Einschlußkriterium Signifikanz 0,09; Ausschlusskriterium 0,1;
Quelle: Eigene Darstellung

- Verantw (Ist die Supply-Chain-Gesamtverantwortung für Produktion, Logistik und Materialwirtschaft in einer Hand?)
- KoopLog (Bilden Sie auf der Logistikarbeitsebene informelle Task forces gemeinsam mit Händlern?)
- Flexibel (Für welchen Anteil des Volumens können kurzfristige Änderungen im Produktionsplan (+/- 50%, eine Woche Vorlauf) problemlos umgesetzt werden?)
- 3Konstr (Ist die Zusammenarbeit mit dem Handel konstruktiv?)
- LogZ (Welchen Anteil haben Zentrallagerlieferungen beim Handel?)

Das Modell mit den fünf Variablen erklärt 54% der Varianz in der Supply-Chain-Leistung und ist bei einer Irrtumswahrscheinlichkeit <0,001 signifikant.

Zuletzt muss in **Schritt 4** überprüft werden, ob die Voraussetzungen für die Anwendung einer Regressionsanalyse erfüllt worden sind (BACKHAUS et. al. 2000, S. 33ff). Dazu werden zunächst die Residuen der Regression für die 40 Datenpunkte überprüft. Alle Residuen liegen innerhalb eines Bereichs von -1,977 und +1,901 Standardabweichungen. Die visuelle Überprüfung der Residuen zeigt keinen Anhaltspunkt für einen Zusammenhang zwischen den Residuen und den Ausprägungen der Variablen (Abbildung 5-18).

Eine weitere Überprüfung der Residuen durch die Goldfeld/Quandt- und Glejser-Tests ergibt ebenfalls keinen Hinweis auf die Verletzung der Homoskedastizitätsbedingung. Im Goldfeld/Quandt-Test werden dazu zwei Unterstichproben aus den insgesamt 40 Datenpunkten gebildet (die ersten 20 und die zweiten 20 in Reihenfolge der Erhebung) und auf Varianzunterschiede zwischen den Residuen untersucht. Diese Unterschiede können bei einem Signifikanzniveau von p = 0,9 nicht bestätigt werden ($F_{empirisch} = 1,60 < F_{theoretisch} = 2,01$). Im Glejser-Test werden die Residuen als abhängige Variablen in einer erneuten Regressionsanalyse mit den alten Regressoren betrachtet. Dabei erweist sich keiner der Zusammenhänge als signifikant (mit p = 0,9). Eine zusätzliche Überprüfung auf

Autokorrelation der Residuen im Rahmen des Durbin-Watson-Test ergibt ebenfalls keinen Hinweis auf eine Verletzung der Prämissen (Testwert 1,917; d_u = 1,23; d_o = 1,79).

ABBILDUNG 5-18: SICHTPRÜFUNG DER HOMOSKEDASTIZITÄT

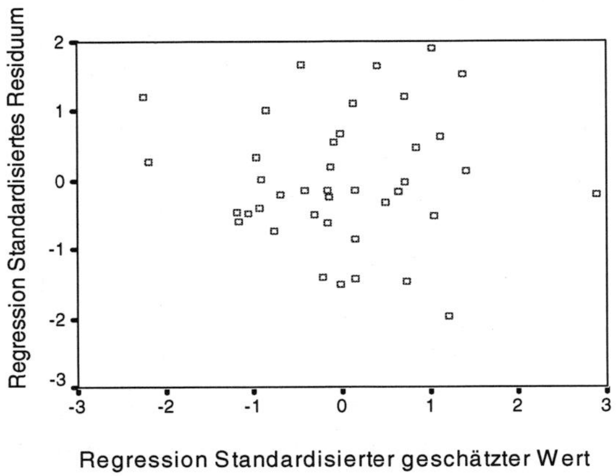

Quelle: Eigene Darstellung

Schließlich wird der Zusammenhang der Regressoren untereinander analysiert, um das Vorliegen von Multikollinearität zu überprüfen. Aus der Betrachtung der paarweisen Korrelationskoeffizienten der fünf signifikanten Regressoren ergeben sich nur geringe Korrelationen. Der höchste Zusammenhang (0,383) besteht zwischen den Variablen Konstr und LogZ; die übrigen Korrelationskoeffizienten liegen alle zwischen -0,2 und 0,2. Die Toleranzen der fünf Variablen liegen alle über 0,75. Damit liegt kein Hinweis auf Multikollinearität unter den fünf signifikanten Regressoren vor.

Bei der Betrachtung der kompletten 20 Variablen ergeben sich zwar zum Teil deutliche Zusammenhänge. Dies ist auch zu erwarten, da die Variablen ja aus inhaltlich zusammenhängenden theoretischen Konstrukten abgeleitet wurden. Da die entsprechenden Variablen aber im Rahmen der schrittweisen Erweiterung des Regressionsmodells nicht einbezogen worden sind, hat dies keinen Einfluss auf die Ergebnisse. Die Tests auf die Erfüllung der Prämissen ergeben damit keinen weiteren Handlungsbedarf für die Regressionsanalyse.

Die Erfolgsfaktorhypothesen Planung/Organisation und operative SC- Prozesse werden durch die Ergebnisse bestätigt. Eines bzw. zwei der ihnen zugeordneten Instrumente ist ein signifikanter positiver Einflussfaktor auf die SC-Leistung. Zwei der drei betreffenden Variablen (Verantw, Flexibel) hatten sich auch schon beim Mittelwertvergleich in Abschnitt 5.3.1 als signifikante Unterscheidungsmerkmale erwiesen.

Die SC-Kooperation kann nicht eindeutig bewertet werden. Zwar gibt es hier mit der Variable KoopLog ein signifikant positives Instrument, das auch schon beim Mittelwertvergleich bestätigt worden war. Die signifikante negative Auswirkung der Zufriedenheit mit der Kooperation mit den SC-Partnern (3Konstr) entspricht jedoch nicht dem erwarteten Wirkungszusammenhang. In der Clusteranalyse war diese Variable als Ausreißer identifiziert worden und ist dementsprechend mit Vorsicht zu betrachten. Anscheinend muss – wie in der Interpretation der Clusteranalyse erfolgt – die (bestätigte) operative SC-Kooperation differenziert von der (nicht bestätigten) strategischen SC-Kooperation analysiert werden. Diese Interpretation bedarf jedoch einer erneuten empirischen Überprüfung.

Die Erfolgsfaktoren Segmentierung, IT-Systeme und Kennzahlensystem werden schließlich durch die Regressionsanalyse nicht bestätigt.

5.4. Zusammenfassende Bewertung der Erfolgsfaktorhypothesen

Im vorherigen Abschnitt wurden die Erfolgsfaktoren auf der Basis von drei unterschiedlichen Auswertungsmethoden bewertet. Die Ergebnisse der einzelnen Analysemethoden gehen zwar grundsätzlich in die gleiche Richtung, weisen aber einige Detailunterschiede auf. Die Funktion dieses Abschnitts ist es daher, aus der Summe der vorliegenden quantitativen Einzelergebnisse ein kohärentes Gesamtbild zu zeichnen und die Hypothesen abschließend zu bewerten.

ABBILDUNG 5-19: ERGEBNISSE DER EMPIRISCHEN ÜBERPRÜFUNG ZUR RELEVANZ DER SIEBEN HYPOTHETISCHEN ERFOLGSFAKTOREN

+ Bestätigt
- Nicht bestätigt
? Nicht eindeutig

Erfolgsfaktor	Mittelwert-vergleiche	Cluster-analyse	Regressions-analyse	Gesamt-bewertung
SC-Kooperation	?	?	?	**?**
Segmentierung	?	+	-	**?**
Planung/ Organisation	+	+	+	**+**
Operative SC-Prozesse	+	?	+	**+**
IT-Systeme	?	-	-	**-**
Kennzahlen-system	?	-	-	**-**

Quelle: Eigene Darstellung

Zwei der sechs Hypothesen können durch die vorliegende Untersuchung als empirisch bestätigt angesehen werden: Die Planung/Organisation und die operativen SC-Prozesse. Diese Erfolgsfaktoren werden sowohl durch die Analyse der einzelnen SC-Instrumente durch statistische Tests als auch durch die Regressionsanalyse gestützt (Abbildung 5-19). Die Clusteranalyse kann zudem die Planung/Organisation voll und die operativen SC-Prozesse teilweise bestätigen. Die SC-Kooperation und die Segmentierung werden teilweise bestätigt. Für die anderen Hypothesen ist keine Bestätigung möglich.

5.4.1. Bewertung der Erfolgsfaktorhypothese zur SC-Kooperation

Erfolgsfaktor-Hypothese 1:

Supply-Chain-Kooperation verbessert den Supply-Chain-Erfolg.

Die Hypothese wird teilweise (für die operative SC-Kooperation) gestützt. Die Bewertung der anderen Kooperationsebenen ergibt keine Bestätigung. Eine derart uminterpretierte Erfolgsfaktorhypothese muss in weiteren Untersuchungen überprüft werden.

Die statistischen Tests zeigen einen signifikanten Unterschied zwischen effizienten und nicht-effizienten Herstellern bei der Nutzung informeller Kontakte von Logistikern aus Industrie und Handel. Der Umsetzungsgrad solcher engen Kontakte beträgt bei den nicht-effizienten Herstellern 3,0 auf der Skala von 1 - 6. Auf Basis der DEA als effizient identifizierte Hersteller erreichen mit 4,0 einen sehr viel höheren Umsetzungsgrad. Wenn auf dieser operativen Ebene ein reger Austausch besteht, können anscheinend eine Vielzahl von Problemen auf dem kleinen Dienstweg gelöst werden. Die Vermutung, dass dadurch Servicelevel, Bestand und Logistikkosten verbessert werden können, liegt nahe.

Die Clusteranalyse bestätigt die SC-Kooperation als zusammenhängendes SCM-Konzept. Bei der Operationalisierung wurden der SC-Kooperation nur Fragen zur strategischen Ebene und zur operativen Ebene in der täglichen Zusammenarbeit zugeordnet. Die aufwendigeren Projekte der taktischen SC-Kooperation werden separat im Rahmen der operativen Prozesse, der Planungsprozesse und der IT-Systeme behandelt. Die Clusteranalyse deutet darauf hin, dass eine andere Zuordnung passender sein könnte. Die taktischen Kooperationsinstrumente wie VMI, CPFR etc. müssen demnach als Teil der SC-Kooperation betrachtet werden.

Die Regressionsanalyse bestätigt die hohe Bedeutung für die Umsetzung informeller Kontakte in der Logistik, die sich schon bei den statistischen Tests gezeigt hatte. Während also die Bedeutung der operativen SC-Kooperation untermauert wird, kann der strategischen SC-Kooperation keine positive Erfolgswirkung zugewiesen werden. Im Gegenteil: Effiziente Hersteller bewerten das Verhältnis zu den Händlern als weniger kooperativ als nicht-effiziente Hersteller. Die Regression dieser Variable auf die SC-Leistung ergibt einen signifikanten negativen Zusammenhang ($r = -0{,}35$, signifikant mit $p = 0{,}989$). Die anderen Variablen zum Austausch von Kostendaten und zu einer langfristigen gemeinsamen Planung sind nicht statistisch signifikant.

5.4.2. Bewertung der Erfolgsfaktorhypothese zur Segmentierung

Erfolgsfaktor-Hypothese 2:

Segmentierung verbessert den Supply-Chain-Erfolg.

Die Hypothese wird teilweise gestützt. Die Ergebnisse sind jedoch nicht eindeutig.

Die statistischen Tests zeigen für eine der Segmentierungs-Variablen im Rahmen des Vergleichs zwischen effizienten und nicht-effizienten Hersteller einen signifikanten Unterschied auf: 100% der effizienten Hersteller, aber nur 67% der nicht-effizienten Hersteller nutzen Segmente von Handelsunternehmen, um kundenspezifische Kostenanalysen zu erstellen. Die übrigen Ergebnisse sind zwar nicht signifikant. Der durchschnittliche Umsetzungsstand für zwei der übrigen drei SC-Instrumente der Segmentierung (DBPromo, DiffCoGs) ist jedoch ebenfalls bei den effizienten Herstellern höher ausgeprägt als bei den nicht-effizienten.

Die Clusteranalyse bestätigt den Erfolgsfaktor der Segmentierung klar als zusammenhängendes Konstrukt. Mit Ausnahme eines Ausreißers werden alle zugehörigen SC-Instrumente in ein Cluster eingruppiert.

In der Regressionsanalyse kann nur eine Variable untersucht werden, die über ein metrisches Skalenniveau verfügt. Hierfür ergibt sich jedoch kein signifikanter Zusammenhang.

5.4.3. Bewertung der Erfolgsfaktorhypothese zu Planung/Organisation

Erfolgsfaktor - Hypothese 3:

Ein gutes Planungssystem verbessert den Supply-Chain-Erfolg.

Die Hypothese wird durch die empirische Überprüfung bestätigt, insbesondere auch für die organisatorischen Aspekte.

Die statistischen Tests weisen signifikante Unterschiede für zwei Variablen auf. Zum einen ist die Integration der Planungsverantwortung bei effizienten Unternehmen statistisch signifikant höher ausgeprägt als bei nicht-effizienten. Zum anderen sind transparent bewertete Planungsprozesse in den effizienten Unternehmen statistisch signifikant häufiger vorzufinden als in den nicht-effizienten Unternehmen. Wichtig ist demnach, dass die Planung Abläufen folgt, die für alle klar nachvollziehbar sind und respektiert werden. Die Verwendung einer Frozen Period als Beispiel für eine klare Regel innerhalb des Planungssystems erreicht zwar kein signifikantes Ergebnis. Dies kann jedoch auch auf Probleme bei der Einhaltung der Regel zurückzuführen sein.

Die Einbeziehung der Handelspartner in die Planung kann auf Basis der statistischen Tests nicht abschließend beurteilt werden. Bei einem durchschnittlichen Umsetzungsgrad von 1,4 auf der Skala von 1 - 6 für die Verwendung von POS-Daten für die Planung ist keine statistische Aussage über die Erfolgswirkung möglich. Ein Urteil über die CPFR-Pilotprojekte kann ebenso wenig gefällt werden.

Die Clusteranalyse zeigt einen Zusammenhang zwischen Planungsprozessen, Organisation und der Einbeziehung von Partnern auf. Dies bestätigt, dass ein gutes Ergebnis nur erreicht werden kann, wenn Aufbauorganisation und Planungsprozesse zusammenpassen.

Die Regressionsanalyse weist für die Variable der integrierten Verantwortung in den SC-Prozessen mit $r = 0,38$ (signifikant mit $p= 0,997$) den stärksten Zusammenhang aller Variablen zur SC-Leistung aus. Hersteller, bei denen wenige Hauptverantwortliche die Verantwortung für die Supply Chain klar untereinander verteilen, erreichen eine hohe Leistung. Mehrdeutige und konfliktreiche Strukturen sind negativ zu beurteilen.

5.4.4. Bewertung der Erfolgsfaktorhypothese zu den operativen SC-Prozessen

Erfolgsfaktor - Hypothese 4:

Flexibilität in den operativen SC-Prozessen verbessert den Supply-Chain-Erfolg.

Die Hypothese wird empirisch unterstützt. Deliver- und Make- bzw. Source-Prozesse werden bestätigt.

Die statistischen Tests zeigen einen signifikanten Unterschied in der Flexibilität zwischen effizienten und nicht-effizienten Herstellern auf. Effiziente Supply Chains schätzen 80% ihres Produktionsvolumens als flexibel ein, während diese Zahl bei den ineffizienten Supply Chains nur 60% erreicht. Auch die Bedeutung von Optimierungen in der Produktion wird durch die effizienten Hersteller signifikant höher eingeschätzt als durch die nicht-effizienten Hersteller. Die Logistikseite (Deliver) wird durch die statistischen Tests jedoch nicht gestützt. Auch für die Übernahme der Bestandsführung im Handelslager durch die Industrie im Rahmen des Vendor Managed Inventory kann kein signifikanter Unterschied aufgezeigt werden.

Die Ergebnisse der Clusteranalyse sprechen dafür, dass die Charakteristika der Produktions- (Make) und Logistikprozesse (Deliver) als zwei unterschiedliche Aspekte der operativen SC-Prozesse getrennt voneinander zu betrachten sind. Die Flexibilität in den operativen Prozessen der Produktion und den zugehörigen Planungsprozessen lässt sich als ein Cluster identifizieren. Die SC-Instrumente der Logistikprozesse werden als Ausreißer identifiziert oder mit anderen SC-Instrumenten zusammen gruppiert. VMI ist im Zusammenhang mit den anderen Kooperationspraktiken zu sehen. Der Zusammenhang der einzelnen Instrumente untereinander und mit den übrigen Planungsprozessen muss in der Neuinterpretation jedoch neu überprüft werden.

Die Regressionsanalyse zeigt für die subjektiv eingeschätzte Flexibilität in der Produktion eine Korrelation von r = 0,30 (signifikant mit p= 0,984) mit der SC-Leistung auf. Die Bedeutung der Flexibilität in der Produktion kann damit als wesentliche Voraussetzung für die Umsetzung der hochreaktiven innovativen Supply-Chain-Praktiken bestätigt werden.

Auf der Logistikseite ist die Zentrallagerquote bei den Auslieferungen ein signifikanter Indikator für Supply-Chain-Erfolg ($r = 0{,}28$; signifikant mit $p = 0{,}955$). Durch die Verringerung der Anlieferstellen kann die Komplexität der Logistik deutlich reduziert werden. Dies schlägt sich dann auf die Kosten und die anderen Leistungsindikatoren nieder.

5.4.5. Bewertung der Erfolgsfaktorhypothese zu den IT-Systemen

Erfolgsfaktor-Hypothese 5:

Der Einsatz von Informationstechnologie verbessert den Supply-Chain-Erfolg.

Die positive Auswirkung der IT-Systeme kann durch die Auswertung der empirischen Ergebnisse nicht gestützt werden.

Die statistischen Tests bestätigen die interne Datenqualität im Vergleich zwischen den beiden Gruppen der effizienten und nicht-effizienten Hersteller als statistisch signifikante Variable. Die interorganisationale SC-Kommunikation sowie die Unterstützung der Planung durch Software zeigen jedoch keinen signifikanten Unterschied.

Die Clusteranalyse zeigt, dass die verschiedenen Elemente der IT-Systeme kein einheitliches Cluster bilden, sondern anderen Clustern zugeordnet sind oder als Ausreißer aussortiert werden. Dieses Ergebnis kann als Beleg dafür gewertet werden, dass die IT-Infrastruktur keinen isolierten Effekt ausübt, sondern stark mit der Prozessgestaltung interagiert.

Auch in der Regressionsanalyse ist keine Wirkung der IT-Systeme sichtbar.

5.4.6. Bewertung der Erfolgsfaktorhypothese zum Kennzahlensystem

Erfolgsfaktor-Hypothese 6:

Die Implementierung von Kennzahlensystemen verbessert den Supply-Chain-Erfolg.

Die Hypothese kann nicht gestützt werden. Das Kennzahlensystem kann nicht als zusammenhängender, leistungssteigernder Erfolgsfaktor identifiziert werden.

Die statistischen Tests zeigen, dass die Umsetzung der Messung von einzelnen Kennzahlen kein signifikanter Indikator für die Supply-Chain-Leistung ist. Der Vergleich zwischen effizienten und nicht-effizienten Herstellern zeigt für keine der vier erfassten Kennzahlen signifikante Ergebnisse, auch wenn drei der vier Zahlen bei effizienten Herstellern häufiger zum Einsatz kommen. Nur die Bedeutung der regelmäßigen Durchführung der Auswertungen wird durch den Mittelwertvergleich bestätigt.

Bei der Clusteranalyse sind die Variablen zum Kennzahlensystem zudem nicht als zusammenhängendes Cluster erkennbar. Die Eingruppierung der Frequenz für die Kennzahlen in das Cluster der flexiblen operativen Produktion und Planung verdeutlicht, dass der signifikante Unterschied nicht unbedingt als Bestätigung für die Bedeutung des Kennzahlensystems gewertet werden kann. Unternehmen mit einer höheren Erfassungsfrequenz der Kennzahlen verfügen nicht nur über eine schnellere Rückmeldung über ihre Supply-Chain-Leistung, sondern planen auch flexibler.

Die Regressionsanalyse kann das Kennzahlensystem ebenfalls nicht als Erfolgsfaktor bestätigen. Allerdings kann hierbei auch nur eine Variable untersucht werden, da die übrigen nur auf nominalem Skalenniveau vorhanden sind.

6. Empfehlungen für das Management von Supply Chains

Im Abschnitt 4 wurden sechs Erfolgsfaktorhypothesen zu Konzepten des Supply Chain Managements beschrieben. Die Konzepte wurden dabei jeweils detailliert und zugehörige SC-Instrumente und Praktiken beschrieben. Allen dort vorgestellten Konzepten wird in der Literatur und in der Praxis zumindest teilweise eine erfolgssteigernde Wirkung zugeschrieben. Wo möglich wurden jeweils Studien aufgeführt die diese Wirkung belegen. Oft handelt es sich jedoch auch um einzelfallbasierte Aussagen oder Vermutungen ohne empirische Fundierung.

Deshalb wurde in Abschnitt 5 eine empirische Überprüfung der Hypothesen auf der Basis von 40 Unternehmen der deutschen Konsumgüterindustrie vorgenommen. Durch drei verschiedenen Analysemethoden wurden zwei der Erfolgsfaktoren empirisch bestätigt, zwei weitere teilweise bestätigt. Zwei Erfolgsfaktoren konnten hingegen durch die quantitative Auswertung nicht bestätigt werden.

Neben den quantitativen Ergebnissen aus Abschnitt 5 liegen aus den Interviews außerdem eine Reihe von qualitativen Aussagen und Best-Practice-Beispielen vor. Diese Ergebnisse sind zwar nicht standardisiert auswertbar, sie zeigen aber auf wie groß der Effekt der einzelnen Themenfelder bei gelungener Umsetzung sein kann. Darüber hinaus geben die Beispiele oft Aufschluss über Schwierigkeiten und Ansatzpunkt bei der Umsetzung der einzelnen Praktiken. Im Folgenden werden zu den sechs Erfolgshypothesen auf der Basis der quantitativen Ergebnisse aus Abschnitt 5 unter besonderer Berücksichtigung der qualitativen Ergebnisse und Umsetzungsbeispiele Handlungsempfehlungen abgeleitet.

Die folgenden Empfehlungen und beschriebenen Best-Practice-Ansätze sind dabei im Sinne eines qualitativ-explorativen Vorgehens als Ansatzpunkte für die weitere Formulierung von Hypothesen und deren nachfolgende Überpüfung zu verstehen. Darüber hinaus können sie als Orientierung für die SCM-Praxis dienen.

6.1. Empfehlungen zur SC-Kooperation

Die quantitative Auswertung des Erfolgsfaktors SC-Kooperation zeigte eine hohe Bedeutung für die operative SC-Kooperation auf, aber keinen Effekt (oder teilweise negative Effekte) für die strategische SC-Kooperation. Ist also eine strategische Ausrichtung des kooperativen Supply Chain Managements hinfällig? Die qualitative Auswertung der Antworten legt einen anderen Schluss nahe. Gerade Hersteller, die selbst eine Vielzahl von Kooperationsmaßnahmen durchführen sind oft unzufrieden mit ihren Partnern und sehen den Status der Kooperation als weiter ausbaufähig an. Eine gesunde Skepsis und hohe Anforderungen an die Partner scheinen sich dabei leistungssteigernd auszuwirken.

Aus der qualitativen Auswertung der einzelnen Antworten wird zudem deutlich, dass nicht alle Hersteller das gleiche Ausmaß von strategischer und taktischer SC-Kooperation anstreben sollten. Während die operative SC-Kooperation für alle Unternehmen sinnvoll ist, lassen sich drei unterschiedliche Modelle identifizieren, die jeweils eine Kooperationsstrategie auf der strategischen und taktischen Ebene konsequent umsetzen (Abbildung 6-1).

ABBILDUNG 6-1: DREI MODELLE FÜR EINE KOOPERATIONSSTRATEGIE

	Liebling des Handels	Fokussierte Kooperation	Verzicht auf Kooperation
Strategische Partnerschaften	• Viele	• Wenige	• Kaum
Taktische Kooperationsprojekte	• Viele Projekte in unterschiedlichen Bereichen	• Wenige Projekte mit strategischer Bedeutung	• Keine größeren Kooperations-projekte
Wahrnehmung durch Handel	• Vorreiter im SCM: – hoch kompetent – guter Partner	• Akzeptierter SCM-Partner – hoch kompetent – nur teilweise partnerschaftlich	• Unterschiedliche Wahrnehmung • Oft Defizite in Kompetenz und Partnerschaft
Voraussetzung für erfolgreiche Umsetzung	• Effiziente interne SC - Prozesse • Guter Ruf im Supply Chain Management	• Effiziente interne SC-Prozesse • Evtl. Marktmacht	• Keine besondere Voraussetzung
Sinnvoll für welche Hersteller?	• Große Hersteller mit hoher Investitionsbereitschaft	• Hersteller aller Größen mit klaren strategischen Schwerpunkten	• Hersteller mit Defiziten in den internen SC-Prozessen • Sinnvoll bei besonderen Geschäftsformen

Quelle: Eigene Darstellung

Der Liebling des Handels: Lieblinge des Handels engagieren sich in einer Vielzahl von Partnerschaften und sind immer auf der Suche nach neuen Kooperationsprojekten. Sie werden von allen Partnern als kompetent und kooperativ eingeschätzt. Für Unternehmen, die diese Strategie verfolgen, gehört SC-Kooperation zu den obersten strategischen Zielen.

Die Strategie des Liebling des Handels lohnt sich nur für große Hersteller. Kleinere Hersteller stoßen schnell an ihre Grenzen, wenn sie versuchen sich an vielen Kooperationsprojekten zu beteiligen. Denn der Nutzen für einen Liebling des Handels ergibt sich eher langfristig: Der eigentliche Vorteil ist nicht unbedingt die Summe der direkten Potentiale aus den einzelnen Projekten. Vielmehr sehen die Unternehmen die strategische SC-Kooperation als gutes Handelsmarketing. Dadurch erhoffen sie sich die langfristige Sicherung von bevorzugten Positionen zum Beispiel bei Produkteinführungen oder bei der Zusammenarbeit im Marketing.

Die fokussierte Kooperation: Einige Unternehmen legen sich auf wenige taktische Kooperationsthemen fest, die für sie dann von hoher Bedeutung sind und mit hoher Priorität durchgeführt werden. Ansonsten verzichten sie auch auf Kooperation und setzen ihre Interessen durch, wo es für sie sinnvoll erscheint. Fokussierte Unternehmen werden von ihren Partnern typischerweise als sehr kompetent, aber nicht immer kooperativ gesehen.

Um eine Strategie der fokussierten Kooperation umzusetzen, muss ein Unternehmen zuerst intern Prioritäten setzen. Ein Unternehmen aus der Kosmetikindustrie, das sich lange Zeit nicht durch die enge Zusammenarbeit mit dem Handel hervorgetan hatte, entdeckte z.B. die Präsenz im Regal als Thema mit hoher Bedeutung für sein hochkomplexes Sortiment insbesondere in der dekorativen Kosmetik. In Zusammenarbeit mit einem Händler wurde intensiv nach Möglichkeiten gesucht die Warenpräsenz zu verbessern. Ergebnis des Projektes war eine verbesserte Platzierung der Produkte durch die Neugestaltung von Displays und Verpackungen mit verbesserter Bestandsaufteilung, größerer Sichtbarkeit und besserem Handling. Lösungen, die für den Kosmetikhersteller eine enorme Ergebnisbedeutung entwickeln dürften. Ein einziges strategisch wichtiges Kooperationsprojekt hat für das Unternehmen in diesem Beispiel mehr bewirkt als eine Vielzahl potenzieller anderer Projekte.

Der Verzicht auf Kooperation: Viele Unternehmen engagieren sich nicht von sich aus in Kooperation. Sie fürchten die Risiken und Kosten von aufwendigen Kooperationsprojekten und pflegen wenige Vertrauensbeziehungen. Die Mehrzahl der Unternehmen aus der Konsumgüterindustrie lassen sich zu dieser Gruppe zählen, insbesondere kleinere, familiengeführte Unternehmen.

Die Zurückhaltung bezüglich Kooperationen kann in zwei Situationen sinnvoll sein. Zum einen sollten Unternehmen zuerst das Optimierungspotential in den internen Supply-Chain-Prozessen angehen, bevor sie in größerem Ausmaß die stärkere Zusammenarbeit mit ihren Partnern suchen. Jede Erweiterung der Supply-Chain-Planung durch zusätzliche Informationen oder neue Absprachen mit Partnern erhöht die Komplexität und erschwert dadurch eine Optimierung. Wenn die internen Prozesse noch ausreichendes Optimierungspotential aufweisen sollte dies mit erster Priorität angegangen werden, bevor in einem zweiten Schritt der Fokus stärker auf Kooperation liegen kann.

Ein zweiter Grund für den Verzicht auf intensive Kooperationen mit einzelnen Partnern kann im Geschäftssystem des Unternehmens angelegt sein. Einige Hersteller mit speziellen Produktpaletten (z.B. Gewürze, Kartoffelchips etc.) legen Wert darauf, die komplette Lieferkette in der eigenen Kontrolle zu behalten. Hier kommt der Zusammenarbeit mit dem Handel dann eine geringere Bedeutung zu.

Der Verzicht auf strategische und taktische SC-Kooperation ist jedoch nicht gleichzusetzen mit einer Konfrontationsstrategie. Maßnahmen der operativen SC-Kooperation ohne größere Investitionen sind in jedem Fall umzusetzen. Die Erfolgswirkung dieses Vorgehens wurde durch die quantitative Auswertung bestätigt.

6.2. Empfehlungen zur Segmentierung

Die quantitativen Ergebnisse zur Segmentierung konnten kein eindeutiges Bild aufzeigen. Bei der qualitativen Auswertung wird deutlich, dass zur Bewertung der Segmentierung die Supply-Chain-Komplexität als zusätzlicher Faktor berücksichtigt werden muss. Hersteller mit einer hohen Komplexität und vielen Artikelvarianten pro Umsatz betonen die Bedeutung von Segmentierungsmaßnahmen. Hier kann eine Ursache dafür liegen, dass der quantitative Zusammenhang zwischen der Umsetzung der Segmentierung und dem Erfolg nur teilweise aufzeigbar ist. Wenn tendenziell diejenigen Unternehmen zur Segmentierung greifen, die aufgrund von hoher Komplexität eine schwierigere Ausgangsposition innehaben, können die Segmentierungsmaßnahmen evtl. vorhandene Nachteile ausgleichen, jedoch nicht zu einem Leistungsvorteil führen.

Diese Beobachtung macht deutlich, dass die Segmentierungsstrategie in einem größeren Zusammenhang als Methode des Komplexitätsmanagements gesehen werden muss. Unternehmen mit einfachen SC-Strukturen haben keine komplexitätsbedingten Schwierigkeiten. In dem Umfang, in dem die Produkt- oder auch die Kundenkomplexität zunimmt, besteht die Herausforderung die Komplexität zu bewältigen. Auf der Basis der qualitativen Interviewergebnisse und einiger Beispielfälle lässt sich hierzu eine Prioritätenregel einführen:

Priorität 1 - Verzicht auf Komplexität: Bei der Betrachtung mancher Produktprogramme kommt die Frage in den Sinn: Muss ein Produkt wirklich für 10 Länder in 50 verschiedenen Varianten gefertigt werden? Nimmt beispielsweise ein Konsument in Finnland es wahr, wenn sein Duschgel geringfügig anders riecht und die Verpackung neben der geänderten Beschriftung auch noch leicht veränderte Farbnuancen aufweist? In der Konsumgüterindustrie gilt das Primat der Kundenbedürfnisse und des Marketings gerechtfertigterweise stärker als in anderen Industrien. Dennoch scheint in einigen Fällen die Analyse von Kosten keine Rolle zu spielen. Es gilt den Mittelweg zwischen einer zu starken Standardisierung und einer Zersplitterung des Produktportfolios zu finden.

Um Bauchentscheidungen zu vermeiden, sollte hierfür zumindest die Kostenseite der Komplexität beziffert werden. Dazu bietet die Einteilung der Supply Chain in Segmente und die Nutzung der Segmente für Analysen einen guten Ausgangspunkt. So lassen sich die Kundenstruktur, Produktportfolio und die Aktions- und Promotiontätigkeit unter Komplexitätsgesichtspunkten betrachten. Der Verzicht auf Komplexität sollte dann dort erwogen werden, wo der Aufwand in keinem Verhältnis zum erzielbaren Nutzen steht.

Priorität 2 - Komplexitätsmanagement: Die verbleibende Komplexität in Kunden, Produkten und anderen Dimensionen sollten unter der Nutzung von Segmenten differenziert behandelt werden. Nur auf Basis einer umfassenden Berücksichtigung unterschiedlicher Anforderungen und Kostenstrukturen ist die Ableitung optimaler und differenzierter Regeln möglich.

Ein Interviewteilnehmer erfasst z.B. für alle Produktgruppen jeweils differenziert die Planungsgenauigkeit. Darauf aufbauend werden Zielservicelevel vereinbart und spezifische Regeln für die Bestandssteuerung bestimmt. Dies führt zu einer sehr feinen Steuerung der Supply Chain, die im Beispielfall aufgrund der begrenzten Komplexität machbar ist und zu guten Ergebnissen führt.

Nicht in jedem Fall ist es jedoch zweckmäßig den oben beschrieben Aufwand zum Management der Komplexität zu betreiben. Insbesondere ohne die passende Systembasis würden die Kosten den Nutzen um ein vielfaches überschreiten. In diesen Fällen ist zu prüfen, inwiefern die Komplexität auch anhand von einfachen Regeln im Griff gehalten werden kann.

Gleich zwei Unternehmen setzen die verfügbaren Planungsressourcen anhand einfacher Faustregeln gezielt dort ein, wo sie den meisten Nutzen stiften. Im ersten Unternehmen, in dem Aktionen eine große Rolle spielen, werden Aktionsmengen von wenigen entscheidenden Kunden separat in die Absatzplanung eingeplant. Diese kritischen Mengen werden dann sehr detailliert analysiert und besprochen und können dadurch mit einer höheren Genauigkeit prognostiziert werden. Das zweite Unternehmen passt die Planungsfrequenz der Artikel an die Produktionsfrequenz an. Artikel mit kleinen Mengen und monatlicher Produktion werden so auch nur einmal im Monat besprochen und für den Rest der Zeit nicht weiter beobachtet. Artikel mit wöchentlicher Produktion werden jede Woche fein ausgeplant. Auch dadurch ergibt sich eine verbesserte Allokation der verfügbaren Planungsressourcen.

6.3. Empfehlungen zur Planung/Organisation

Die Ausgestaltung der Planung und der entsprechenden Organisation wurden durch die quantitative Auswertung klar als Erfolgsfaktor identifiziert. Doch was sollte ein Hersteller konkret unternehmen, um die Qualität der Planung zu verbessern? Grundvoraussetzung ist nach den qualitativen Ergebnissen zunächst die klare **Trennung der drei operativen Planungsstufen** Absatzplanung, Bedarfsplanung und Feinplanung sowohl untereinander als auch von den übrigen wirtschaftlichen Planungssystemen. Mehrere Unternehmen berichten von Quantensprüngen in den Ergebnissen der Planung, nachdem diese Einzelprozesse sauber installiert wurden. Welche Funktion die Verantwortung für diese Planungsschritte übernimmt, ist vor dem Hintergrund der bestehenden Organisationsstruktur und der strategischen Ausrichtung im Einzelfall zu klären.

Auf dieser Ausgangssituation aufbauend kann dann die Qualität der einzelnen Planungsstufen verbessert werden. Hierbei bestätigen sich aus den Bemerkungen der Interviewteilnehmer insbesondere zwei entscheidende Anforderungen: die Orientierung an klaren Regeln und die quantitative Verbesserung der Planungsmethodik.

Klare Regeln bieten für alle Beteiligten an den Planungsprozessen die Möglichkeit, die Komplexität der Planung zu reduzieren und kostenoptimale Abläufe umzusetzen. In zwei Beispielunternehmen wird anhand eines Masterplans für die Produktion eine kostenoptimierte Produktionsreihenfolge festgelegt. Für die einzelnen Artikel wird dabei entweder wöchentlich, zweiwöchentlich oder monatlich ein Produktionsfenster reserviert. Bei der Planung ist dann lediglich die genaue Menge festzulegen, etwa wenn sich das Absatzverhalten durch Aktionsmengen verändert. Von der tatsächlichen Einhaltung dieser Reihenfolge hängt es ab, ob die Hektik in der Planung reduziert werden kann. Dies hat positive Auswirkungen auf die Rüstkosten, aber auch auf die Prozesssicherheit in der Produktion selber. Sogar für die Lieferanten von Rohstoffen und Verpackungen können dadurch positive Effekte erzielt werden.

Die Verbesserung der **Planungsmethodik** erlaubt es schließlich innerhalb der Planungsprozesse zu besseren Ergebnissen zu kommen, wie die folgenden Probleme illustrieren:

- Die kostenoptimale Losgröße kann nur bestimmt werden, wenn hierzu Informationen zu Rüst- und Bestandskosten verarbeitet werden können.
- Die Aufrechterhaltung hoher Servicelevel bei gleichzeitig kontrollierter Bestandshöhe setzt die Verwendung statistischer Methoden voraus.
- Die Verteilung von Produktionsmengen über mehrere Standorte hinweg erfordert neben einer guten Koordination nicht zuletzt auch einen sauberen Vergleich von Kostengrößen der einzelnen Standorten.

Wenn diese Entscheidungen nicht als Bauchentscheidungen getroffen werden, sondern quantitativ unterstützt werden, lassen sich die Ergebnisse verbessern.

6.4. Empfehlungen zu den operativen SC-Prozessen

Die quantitative Auswertung zeigte eine hohe Bedeutung für die Flexibilität in der Produktion auf. Dies wird durch die qualitativen Ergebnisse bestätigt: Zum einen ist eine flexible Produktion die Grundvoraussetzung für Flexibilität dem Handel gegenüber. Wenn die internen Strukturen hingegen starr ausgelegt sind, ist es nur unter hohem Aufwand möglich, Kundenwünsche flexibel zu berücksichtigen. Des weiteren ist Flexibilität in der Produktion der Ausgangspunkt für eine stärker reaktive Supply-Chain-Steuerung. Wenn die Produktion schon Wochen im vorhinein geplant und festgelegt werden muss, ist der Spielraum bei der Nutzung von aktuellen Absatzinformationen sehr gering. Kann die Produktion hingegen flexibel reagieren, sind die Möglichkeiten, die sich im Rahmen der operativen Planung und Steuerung ergeben, größer.

Für die Deliver-Prozesse fällt die Bestätigung schwächer aus. Obwohl VMI-Projekte schon seit über einem Jahrzehnt ausführlich diskutiert werden haben sie den Durchbruch in Deutschland noch nicht erreicht. Nur 18 der 58 befragten Unternehmen aus Industrie und Handel setzen VMI ein. Selbst die VMI-Vorreiterunternehmen haben daher Schwierigkeiten mehr als 30% ihres Gesamtumsatzes mit VMI abzudecken, sowohl im Handel als auch in der Industrie. Umsatzgewichtet lag der Gesamtanteil von VMI bei den betrachteten Herstellern bei 7,1%.

Die theoretischen Vorteile von VMI sind zwar einleuchtend und werden auch von den beteiligten Unternehmen so bestätigt: Weniger Bestand und höherer Servicelevel durch die Planung mit mehr Informationen. Geringere Frachtkosten und mehr Spielraum in der Bedarfsplanung für die Industrie. Entfallender Dispositionsaufwand für den Handel. Alle diese Vorteile werden jedoch erst mit steigendem Umsatzanteil relevant und dürften sich im Moment daher nur für die Wenigsten wirklich auszahlen. Die Unternehmen, die VMI umsetzen, sehen dies denn oft auch als Investition und sind auch in anderen Kooperationsdisziplinen, wie dem Austausch von Kennzahlen etc. fortgeschritten. VMI ist daher wie bei der SC-Kooperation beschrieben in den Gesamtkontext einer stimmigen Kooperationsstrategie einzuordnen.

Die Empfehlung für Verbesserungen im Rahmen der operativen Prozesse richtet sich deshalb zunächst an die internen Prozesse. Im Rahmen der klassischen Prozessverbesserungen vor allem in der Produktion scheinen noch einige Möglichkeiten zu liegen. Darüber hinaus sollte insbesondere auch die Infrastruktur sowohl für die Produktionsstandorte als auch für die Logistikstandorte untersucht werden. Vor dem Hintergrund des Zusammenwachsens der Europäischen Union und der kommenden Osterweiterung ergibt sich hier vielfach ein vergrößerter Spielraum.

Erst ganz wenige Hersteller verfügen über europäische Logistikstrukturen. Beispielfälle zeigen aber, dass die Versorgung etwa der französischen Händler oder der Händler aus den Benelux-Staaten aus einem deutschen Lager heraus gut funktionieren kann. Die Umstellung auf europäische Prozesse birgt aber nicht nur ein großes Kostenpotential. Die zunehmende Konzentration der Händler kann dazu führen, dass Hersteller schon bald dazu gezwungen werden ihre länderübergreifende Koordination zu verbessern. Ansonsten drohen Verluste, wenn die Händler eine europaweite Konditionsangleichung zu Lasten der Hersteller einfordern.

6.5. Empfehlungen zu den IT-Systemen

Informationstechnologie alleine ist kein Treiber für Supply-Chain-Erfolg. Die Wirkung der IT auf die Supply Chain ist vielmehr mittelbar als Unterstützung und Ermöglichung verbesserter SC-Prozesse zu sehen. Wenn die Möglichkeiten der Technologie genutzt werden um Prozesse sauberer zu gestalten und die Planungsprozesse inhaltlich aufzuwerten, können dadurch Verbesserungen für die Supply-Chain-Leistung erreicht werden.

Viele Interviewteilnehmer berichten davon, dass zur Verbesserung der IT-Infrastruktur derzeit Projekte durchgeführt oder geplant werden. Für den Umgang mit IT-Projekten implizieren diese Ergebnisse: Das klare Primat der Prozesse und der inhaltlichen Lösungen über die Standards und die Anforderungen der Technologie muss gewährleistet werden. Beispielunternehmen die dieses Prinzip umsetzen zeigen sich zufrieden mit der Abwicklung der Projekte.

Bezüglich des optimalen Vernetzungs- und Anwendungssgrades von IT nehmen die Interviewpartner unterschiedliche Standpunkte ein. Einige Beispielunternehmen verzichten bewusst auf einen hohen IT-Umsetzungsgrad, um dadurch Kosten zu sparen und Komplexität zu reduzieren. In einem Beispielfall verfährt ein Hersteller nach der Maxime "Weniger ist Mehr" und bindet z.B. die einzelnen Werke nicht komplett über das ERP-System ein. Dadurch wird in diesem Fall eine Strategie der Kostenführerschaft und der Dezentralität konsequent und erfolgreich umgesetzt.

In einem anderen Unternehmen basiert die Strategie stärker auf zentralen Entscheidungen und einer sehr starken Verknüpfung der einzelnen Organisationen untereinander. Hier spiegelt die Systemlandschaft ebenfalls die Strategie wider, indem sie eine sehr weitgehende Transparenz und Vernetzung schafft. In beiden Fällen orientiert sich die IT-Strategie konsequent an der Strategie des Gesamtgeschäfts und nutzt die Technologie so als Werkzeug zur Unterstützung der inhaltlichen Anforderungen.

6.6. Empfehlungen zum Kennzahlensystem

Das Ausmaß der Umsetzung einzelner Kennzahlen weist große Unterschiede auf. Interne Kennzahlen werden wesentlich häufiger eingesetzt als unternehmensübergreifende Kennzahlen. Der Servicelevel ist als Kennzahl inzwischen weitgehend implementiert (Implementierungsgrad 85%). Auch die zweite rein interne Kennzahl, die Genauigkeit der Absatzplanung ist schon relativ weit verbreitet (Implementierungsgrad 58%). Die Warenverfügbarkeit im Regal (35%) und die Partnerzufriedenheit (20%) erreichen hingegen geringere Umsetzungsgrade.

Der Umsetzungsgrad für die einzelnen Kennzahlen konnte jedoch quantitativ nicht als Erfolgsfaktor nachgewiesen werden. Auch die Auswertung der qualitativen Ergebnisse zeigt, dass die Verbesserung des Kennzahlensystems weniger auf den reinen Umfang der Kennzahlenmessung schauen sollte, als vielmehr vor dem unternehmensspezifischen Hintergrund die ideale Unterstützung der übrigen SC-Prozesse bieten sollte. Ein Programm hierzu kann in drei Schritten erfolgen. Am Anfang muss die strategieorientierte Priorisierung von Kennzahlen stehen. Darauf aufbauend ist die Operationalisierung der Kennzahlen und schließlich die Institutionalisierung im Rahmen eines SC-Controllings notwendig.

Im Rahmen der **Priorisierung** sind einige wenige Kennzahlen festzulegen, die mit hoher Relevanz im gesamten Unternehmen verfolgt werden. Es sollte sich hierbei um höchstens fünf Zahlen handeln, die auch der Vorstandsvorsitzende oder Geschäftsführer auf einer regelmäßigen Basis verfolgen kann. Input- und Outputgrößen sollten gleichermaßen abgedeckt sein. Eine solch tiefgehende Verankerung der Kennzahlen hat den Vorteil, dass das operative Management der Supply Chain dadurch regelmäßig in den Blickpunkt der Entscheidungsträger eines Unternehmens tritt. Die Kennzahlen mit hoher Priorität werden dann in den einzelnen Funktionen und Prozessen wiederum durch eine begrenzte Anzahl von detaillierteren Kennzahlen ergänzt.

Sind die zu erfassenden Kennzahlen festgelegt, erfolgt die **Operationalisierung**. Es ist wichtig, dass im gesamten Unternehmen unter den Bezeichnungen der Kennzahlen die gleichen Inhalte verstanden werden. In einem Unternehmen wurden die Definitionen deshalb im Rahmen mehrerer großer Abstimmungsrunden europaweit abgeglichen. Lokale Manager brauchen einen gewissen Spielraum um etwa durch zusätzliche Zahlen auf die für sie spezifischen Probleme eingehen zu können. Gerade in einem großen Konzern ist es jedoch notwendig ein Mindestmaß an Standardisierung im Rahmen von unternehmensweit einheitlichen Definitionen zu erhalten. Vorreiter sind hier meist die amerikanisch dominierten Hersteller.

Die Wirksamkeit des Kennzahlensystems wird letztendlich im Rahmen der Nutzung und der **Institutionalisierung** durch ein regelmäßiges Controllings entschieden. Ein Hersteller führt auf der Basis der europaweit gültigen Kennzahlen ein jährliches Benchmarking durch. Dabei fiel auf, dass die Logistikkosten für Italien wesentlich höher waren als für andere Länder. Eine Betrachtung der zugrundeliegenden detaillierteren Kennzahlen brachte eine wesentlich geringere Frachtauslastung zum Vorschein. Ursache hierfür war die mangelnde Anpassung der standardisierten Palettenhöhen an die Gegebenheiten der lokalen, oft kleinen Handelspartner. Nach der Reaktion und der Veränderung der Standards hatte sich die Zahl im Folgejahr den europäischen Benchmarks deutlich angenähert. Wenn wie in diesem Beispiel auf der Basis der Supply-Chain-Kennzahlen regelmäßig weitergehende Analysen durchgeführt und Maßnahmen abgeleitet werden, ist die volle Wirkung des Kennzahlensystems realisierbar.

7. Fazit und Ausblick

7.1. Fazit und Ausblick für die SCM-Forschung

Die vorliegende Arbeit hat einen Beitrag zu einer stärkeren empirischen Fundierung der Forschung im Supply Chain Management geleistet. Durch die Erfassung von Leistungsdaten und Umsetzungsständen von SCM-Konzepten bei 40 deutschen Konsumgüterherstellern ist es gelungen, verschiedene SCM-Konzepte zu priorisieren und zueinander in Bezug zu setzen. Dabei wurden insbesondere die Planung und Organisation sowie die operativen SC-Prozesse als Erfolgsfaktoren bestätigt. Andere SCM-Konzepte die in der Literatur oft sehr intensiv diskutiert werden, wie IT-Systeme in der Supply Chain oder die SC-Kooperation, wurden dagegen nur teilweise oder gar nicht bestätigt.

Die vorliegende Arbeit stellt dabei eine breit einsetzbare Methodik für empirische Untersuchungen zur Verfügung. Sowohl der Ansatz zur Erfolgsmessung als auch die Operationalisierung der Erfolgsfaktoren lassen sich vielfältig für empirische Erhebungen in unterschiedlichen Branchen oder unterschiedlichen Ländern einsetzen.

Die Erfolgsmessung auf sieben Kennzahlen erfasst alle wesentlichen Dimensionen der Supply-Chain-Leistung. Durch die Anwendung der DEA ist eine nachvollziehbare und durch die Unternehmen akzeptierte Aggregation des Supply-Chain-Erfolgs erfolgt. Gleichzeitig bieten die DEA-Ergebnisse und die Identifikation von Best-Peer-Referenzunternehmen eine Ausgangsbasis für zahlreiche weiterführende Analysen für die einzelnen Unternehmen.

Die sechs Erfolgsfaktoren bündeln alle wesentlichen Konzepte des Supply Chain Managements. Für die Operationalisierung sind jeweils Teilaspekte ausgewählt worden, die auf der einen Seite in besonderem Maße in Forschung und Praxis Beachtung finden, und daher besondere Relevanz versprechen. Auf der anderen Seite wurde bei der Auswahl ebenfalls berücksichtigt, dass die betrachteten SC-Instrumente im Rahmen von Interviews gut erfassbar sein müssen. Der dadurch entstandene Fragebogen kann daher mit leichten Modifikationen für vielfältige Untersuchungsfelder eingesetzt werden.

In der Forschung im Supply Chain Management sind Ansätze, die verschiedene SCM-Konzepte umfassend betrachten und auf ihre Erfolgswirkung hin empirisch beurteilen, noch relativ selten. Ähnliche Arbeiten für unterschiedliche Branchen oder für unterschiedliche Länder könnten daher wesentlich dazu beitragen, die Relevanz der SCM-Konzepte empirisch zu bestätigen. Vielleicht würde sich für andere Untersuchungsfelder eine veränderte Gewichtung der Faktoren ergeben? Um die Wirkung branchen- oder landesspezifischer Einflussfaktoren in dieser Art zu hinterfragen, ist eine breite Basis von Untersuchungen notwendig, um dann auch vergleichende Metaanalysen durchführen zu können.

Dies entspricht zugleich einer der wesentlichen Anforderungen der nächsten Jahre an die SCM-Forschung. Die bestehenden Konzepte im Supply Chain Management müssen stärker konsolidiert und in übergreifende Bezugsrahmen integriert werden. Die Integration von einzelnen, qualitativen Fallbeispielen auf der einen Seite und detaillierten quantitativen Ansätzen auf der anderen Seite kann nur über die stärkere Orientierung an einheitlichen Strukturen gelingen. Nur dann wird es aber möglich sein, für die Praxis relevante, ergebnisorientierte Handlungsempfehlungen abzuleiten.

7.2. Fazit und Ausblick für die SCM-Praxis

Die vorliegende Untersuchung hat eine sehr hohe Resonanz gefunden. Dies spiegelt sich zum einen in der extrem hohen Rücklaufquote von über 50% und zum anderen in dem großen Interesse der Teilnehmer an vertiefenden Diskussionen und unternehmensindividuellen Auswertungen der Forschungsergebnisse wider.

Das Supply Chain Management - so zeigt diese Resonanz - ist in der Praxis der deutschen Konsumgüterindustrie derzeit ein hoch relevantes Thema. Viele Manager sind verunsichert, was die Einschätzung ihrer Leistung und des individuellen Potentials durch Konzepte des Supply Chain Managements angeht. Dementsprechend besteht ein großes Interesse am Austausch von Benchmarks und Einschätzungen. Für den Praktiker stellt sich dabei insbesondere das Problem, aus der Vielzahl von vorgestellten Konzepten und angebotenen Systemen und Lösungen die für ihn passende Auswahl zu treffen.

Optimierung in der Supply Chain sollte stets zum Ziel haben, das Verhältnis zwischen Gesamtaufwand und der gesamten erbrachten Leistung zu optimieren. Dies erfordert eine ergebnisorientierte und pragmatische Bewertung der zur Verfügung stehenden Konzepte. Die vorliegende Untersuchung stellt dabei durch die Analyse von sechs Erfolgsfaktoren eine Übersicht von Handlungsempfehlungen und konkreten Lösungsansätzen zur Verbesserung der SC-Leistung zur Verfügung. Die Erkenntnisse können als Ausgangspunkt für die Frage nach der individuellen Position innerhalb der einzelnen Themengebiete und für die Setzung von Prioritäten genutzt werden. Das Ergreifen von Maßnahmen sollte sich dann auf die Themen mit dem größten individuellen Verbesserungspotential beziehen.

Zwar kann die individuelle Bewertung der Maßnahmen für ein einzelnes Unternehmen nicht durch einen pauschalen Leitfaden ersetzt werden. Einige Schlüsselerkenntnisse können jedoch beachtet werden.

- Auf die Grundlagen kommt es an. Die grundlegenden Themen wie Organisation der Supply Chain und die Produktion werden teilweise zugunsten neuerer Themen (z.B. Kooperation, IT-Systeme) vernachlässigt. Gerade bei den grundlegenden Themen bestehen aber teilweise noch Defizite.

- Weniger ist manchmal mehr. Das Thema Einfachheit zieht sich wie ein roter Faden durch die verschiedenen Erfolgsfaktoren. Je klarer und einfacher eine Supply Chain strukturiert ist, desto leichter ist deren Steuerung und desto eher können Verbesserungspotentiale identifiziert und umgesetzt werden.

- Kooperation muss sich rechnen. Auch wenn viele Erfolgsfälle zu Kooperationsprojekten publiziert werden, auf der taktischen und strategischen Ebene ist SC-Kooperation nur teilweise leistungsfördernd. Das einzelne Unternehmen muss den eigenen Nutzen von Kooperation bestimmen.
- IT-Systeme können nicht als eigenständiger Erfolgsfaktor bestätigt werden. Beim Umgang mit neuen Technologien und Möglichkeiten darf nie das Primat der Prozesse und der Ergebnisorientierung vergessen werden.

In den nächsten Jahren werden einige neue Entwicklungen den Druck auf die Konsumgüterindustrie erhöhen. Im Handel ist kein Ende der Konzentrationsprozesse in Sicht. Im Gegenteil, die Tendenz wird sich in Zukunft durch eine größere Europäisierung noch verstärken. Wenn es große Händler nicht mehr akzeptieren, dass ihre Niederlassungen in den verschiedenen Ländern unterschiedliche Konditionen und unterschiedlich leistungsfähige Konsumgüter-Supply-Chains vorfinden, gerät die Konsumgüterindustrie unter Zugzwang. Weitere Bedrohungen, denen die Konsumgüterindustrie generell ausgesetzt ist, haben ebenfalls Auswirkungen auf die Supply Chain, wie der zunehmende Trend zu Handelsmarken oder die Gefahr weiter wachsender Komplexität durch neue Artikelvarianten und Promotions.

Gleichzeitig kündigen sich neue Technologien und Möglichkeiten an. Radio Frequency Identification (RFID) kann z.B. zu einer Schlüsseltechnologie für den Einzelhandel und die Konsumgüterindustrie werden. Durch die nahtlose Verfolgung der Produkte mittels RFID von der Produktion bis ins Geschäft bieten sich ungeahnte Möglichkeiten für das Management der Supply Chain. Hier stellt sich die Aufgabe, technologische Trends frühzeitig mitzugestalten, ohne jedoch zu viel zu riskieren.

Angesichts der zukünftigen Herausforderungen und Möglichkeiten im Supply Chain Management erscheint es daher umso wichtiger, jetzt durch eine Optimierung der grundlegenden Supply-Chain-Prozesse die Basis für die morgige Wettbewerbsfähigkeit herzustellen.

Anhang A: Übersicht über ausgewertete Aufsätze aus den Zeitschriften "Supply Chain Management" (SCM) und "International Journal of Logistics Management" (IJLM)

Quelle	Jahr	Nr.	Seite	Autor	Gegenstand: Instrument	Gegenstand: Strategie	Gegenstand: Gesamt	Ansatz: Normativ	Ansatz: Deskript.	Ansatz: Empirisch
SCM	1996		5	Hollis			x		x	
SCM	1996	1	11	Grimsdell			x		x	
SCM	1996		15	Towill		x		x		
SCM	1996		28	Weber	x				x	
SCM	1996		4	Hughes/Merton		x			x	
SCM	1996		7	Neumann/Samuels		x				x
SCM	1996	2	11	Pearce		x			x	
SCM	1996		15	Hobbs			x	x		
SCM	1996		28	Wilson			x		x	
SCM	1996		6	Thompson		x				x
SCM	1996		9	Palmer		x			x	
SCM	1996	3	12	Klein et. al.	x				x	
SCM	1996		25	Daugherty et. al.		x				x
SCM	1996		34	Mawson/Fearne	x				x	
SCM	1997		4	Nitschke/O'Keeffe		x			x	
SCM	1997		7	Binet/Wilson		x			x	
SCM	1997	1	11	Folkerts/Koehorst		x			x	
SCM	1997		15	New			x	x		
SCM	1997		23	Loader		x			x	
SCM	1997		43	Mac Exon-Taylor	x				x	
SCM	1997		49	Kinnear	x				x	
SCM	1997	2	53	Stainer			x	x		
SCM	1997		63	van Hoek	x				x	
SCM	1997		76	Aquilon		x				x
SCM	1997		92	Collins		x			x	
SCM	1997	3	99	Pearce		x			x	
SCM	1997		107	Holmström	x				x	
SCM	1997		124	McGuffog			x	x		
SCM	1997		134	Williams	x				x	
SCM	1997	4	137	Mason-Jones/Towill	x			x		
SCM	1997		149	Ramasehan	x					x
SCM	1997		158	Calza/Passaro	x				x	
SCM	1998		5	O'Keeffe		x			x	
SCM	1998		10	Blatterwick	x			x		
SCM	1998	1	12	McGinnis/McCarty		x		x		
SCM	1998		17	Hobbs/Kerr	Außerhalb des Themenbereichs					
SCM	1998		21	Lehtonen/Holmström	x				x	
SCM	1998		33	López/Pearle	x				x	
SCM	1998		53	Spekman et. al.		x				x
SCM	1998		68	Hobbs et. al.		x			x	
SCM	1998	2	79	Bateman		x			x	
SCM	1998		95	Green et. al.	x				x	
SCM	1998		96	Fynes/Ainamo		x			x	
SCM	1998		115	Leat et.al.	x				x	
SCM	1998		118	Simpson et. al.	x				x	
SCM	1998		123	Calder/Marr	x				x	
SCM	1998	3	127	Wilson/Clarke	x			x		
SCM	1998		134	Jack et. al.	x				x	
SCM	1998		139	Viaene/Verbeke	x				x	
SCM	1998		142	Graham/Hardaker		x				x

					Gegenstand			Ansatz		
Quelle	Jahr		Seite	Autor	Instrument	Strategie	Gesamt	Normativ	Deskript.	Empirisch
SCM	1998	3	149	McIntyre et. al.	x				x	
SCM	1998		157	Kennet et. al.	x				x	
SCM	1998	4	175	Humphreys	x				x	
SCM	1998		187	van Hoek		x		x		
SCM	1998		193	Kornelius/Warmelink		x			x	
SCM	1998		203	Rademakers/McKnight		x			x	
SCM	1998		214	Fearne		x			x	
SCM	1999	1	7	Desbarats		x		x		
SCM	1999		11	Siragher	x			x		
SCM	1999		14	Hamdar		x			x	
SCM	1999		18	van Hoek	x					x
SCM	1999		35	Harris et al.		x				x
SCM	1999		43	Burnes/Coram		x			x	
SCM	1999		51	Lehtonen et. al.	x				x	
SCM	1999	2	67	Kerr		x		x		
SCM	1999		75	Stank et. al.	x					x
SCM	1999		86	Stanford et. al.		x			x	
SCM	1999		95	Koehorst et. al.		x		x		
SCM	1999		102	Collins et. al.	x				x	
SCM	1999	3	120	Fearne et. al.			x			x
SCM	1999		129	van Hoek		x		x		
SCM	1999		135	Michaels		x			x	
SCM	1999		146	Voordrijk		x		x		
SCM	1999	4	167	Cox			x	x		
SCM	1999		176	Lonsdale		x			x	
SCM	1999		184	Ireland		x			x	
SCM	1999		192	Watson		x			x	
SCM	1999		199	Sanderson		x			x	
SCM	1999		209	Cox			x	x		
SCM	1999	5	218	McGuffog/Wadsley		x			x	
SCM	1999		226	Lainas		x			x	
SCM	1999		231	Kim et. al.		x			x	
SCM	1999		242	Ahn et.al.		x			x	
SCM	2000	1	7	Fraser et. al.		x		x		
SCM	2000		15	Harvey		x			x	
SCM	2000		22	McIwor	x			x		
SCM	2000		37	Murray	x				x	
SCM	2000		45	Mowat/Collins	x			x		
SCM	2000	2	66	Emiliani	x				x	
SCM	2000		71	Stank/Goldsby	x			x		
SCM	2000		78	Fransao/Wonders	x			x		
SCM	2000		90	Weber et. al.	x				x	
SCM	2000		99	Katz/Boland		x			x	
SCM	2000	3	122	Towill et. al.			x		x	
SCM	2000		131	Hobbs/Young		x		x		
SCM	2000		143	Liu et. al.	x			x		
SCM	2000		151	Popp		x			x	
SCM	2000	4	171	Tamas			x			x
SCM	2000		176	Emiliani	x				x	
SCM	2000		187	Zsidisin et. al.		x			x	
SCM	2000		198	Angeles/Nath	x					x
SCM	2000		206	Christopher/Towill		x		x		

					Gegenstand			Ansatz		
Quelle	Jahr		Seite	Autor	Instrument	Strategie	Gesamt	Normativ	Deskript.	Empirisch
SCM	2000	5	222	Collyer		x			x	
SCM	2000		226	Ritchie et. al.	x				x	
SCM	2000		234	Chandra/Kumar	x			x		
SCM	2000		245	Dewhurst et. al.	x				x	
SCM	2001	1	5	Maskell		x			x	
SCM	2001		12	O'Keeffe	x			x		
SCM	2001		16	House/Stank		x			x	
SCM	2001		21	van Hoek	x			x		
SCM	2001		29	Pérez/Sández		x				x
SCM	2001		39	Robson/Rawnsley		x				x
SCM	2001	2	58	Hancock/Oates	x				x	
SCM	2001		60	Bhatt	x					x
SCM	2001		74	Boger et al.		x				x
SCM	2001		83	McAdam/Brown		x			x	
SCM	2001	3	101	Emiliani/Stec	x			x		
SCM	2001		106	Milgate		x				x
SCM	2001		119	Kularatna et. al.		x				x
SCM	2001		128	Hertz et. al.		x			x	
SCM	2001	4	148	O'Keeffe		x		x		
SCM	2001		152	Humphreys et. al.		x				x
SCM	2001		163	Dainty et. al.		x				x
SCM	2001		174	Tracey/Tan		x				x
SCM	2001		189	Bourlakis/Bourlakis		x			x	
SCM	2001	5	205	Horvath		x		x		
SCM	2001		208	Green et. al.	x			x		
SCM	2001		212	Cunningham			x	x		
SCM	2001		216	Dzever et. al.		x				x
SCM	2001		230	Kurnia/Johnston		x			x	
SCM	2002	1	5	Rae-Smith/Ellinger	x				x	
SCM	2002		12	Emiliani/Stec	x			x		
SCM	2002		24	Zhao et. al.		x		x		
SCM	2002		41	Spekman et. al.		x				x
SCM	2002	2	60	Burlink			x			x
SCM	2002		71	Brunnermeier/Martin		x			x	
SCM	2002		83	Walker et. al.		x			x	
SCM	2002		92	Emiliani/Stec	x			x		
SCM	2002		101	Warburton/Stratton		x		x		
SCM	2002	3	113	Hammel et. al.			x		x	
SCM	2002		119	van Hoek et. al.			x	x		
SCM	2002		126	Bhutta/Huq	x				x	
SCM	2002		146	Lowson			x			x
SCM	2002		164	McCullen/Towill	x			x		
SCM	2002	4	184	Jiang			x		x	
SCM	2002		189	Huang et. al.			x	x		
SCM	2002		200	Owens/Levory	x			x		
SCM	2002		212	Li et. al.		x				x
SCM	2002		225	Sadler/Hines		x		x		
SCM	2002		242	Kärkkäinen/Holmström	x			x		
SCM	2002		253	Wagner et. al.			x		x	

Quelle	Jahr		Seite	Autor	Gegenstand: Instrument	Gegenstand: Strategie	Gegenstand: Gesamt	Ansatz: Normativ	Ansatz: Deskript.	Ansatz: Empirisch
SCM	2002		271	Tibben-Lemke/Rogers		x			x	
SCM	2002		283	Meade/Sarkis		x		x		
SCM	2002		296	O'Keeffe/Fearne		x			x	
SCM	2002	5	302	Wang		x		x		
SCM	2002		311	Weber/Kantamneni	x				x	
SCM	2002		318	Collins et. al.			x	x		
SCM	2002		322	Svensson			x	x		
SCM	2002		334	Sparling	Außerhalb des Themenbereichs					
IJLM	1996		1	LaLonde/Pohlen		x		x		
IJLM	1996		13	Hines		x			x	
IJLM	1996		29	Giunipero/Brand			x	x		
IJLM	1996		39	Bhattacharya et.al.		x			x	
IJLM	1996	1	49	Davies/Brito			x		x	
IJLM	1996		61	Zinn			x		x	
IJLM	1996		73	van Amstel/D'Hert	x			x		
IJLM	1996		83	Harrison	x				x	
IJLM	1996		93	Bagchi/Virum		x			x	
IJLM	1996		1	Lambert et. al.		x			x	
IJLM	1996		19	Frankel/Whipple		x				x
IJLM	1996		33	Lemmink/Koelemeijer		x				x
IJLM	1996	2	43	Stank et.al.	x					x
IJLM	1996		59	Chandreshekar/Dougless	x				x	
IJLM	1996		69	Vos/van den Berg		x			x	
IJLM	1996		85	Damme/van Amstel		x		x		
IJLM	1997		1	Cooper at. al.			x	x		
IJLM	1997		15	Bechtel/Jayaram			x	x		
IJLM	1997		35	Abrahamsson/Brege			x		x	
IJLM	1997		45	Carlsson/Sarv		x		x		
IJLM	1997	1	55	Vantine/Marra	x				x	
IJLM	1997		67	Newbourne		x		x		
IJLM	1997		75	Clendenin	x				x	
IJLM	1997		87	Chiappe/Herrero			x			x
IJLM	1997		97	Ashayeri/Rongen		x			x	
IJLM	1997		1	Hanman			x	x		
IJLM	1997		19	Higginson/Alam			x			x
IJLM	1997		33	Ghosh/Cooper	Außerhalb des Themenbereichs					
IJLM	1997	2	47	Mason-Jones et. al.	x				x	
IJLM	1997		63	Christopher/Peck			x		x	
IJLM	1997		75	Harrison	x				x	
IJLM	1997		83	Daugherty et. al.		x				x
IJLM	1998		1	Anderson/Katz		x		x		
IJLM	1998		15	Burgess			x	x		
IJLM	1998		25	Hines et. al.		x		x		
IJLM	1998		43	Wilding			x			x
IJLM	1998	1	57	McIntyre et. al.		x		x		
IJLM	1998		69	Braithwaite/Samakh	x			x		
IJLM	1998		85	Paché	x				x	
IJLM	1998		95	van Hoek	x				x	
IJLM	1998		111	Appels/de Wielande	Außerhalb des Themenbereichs					

					Gegenstand			Ansatz	
Quelle	Jahr		Seite	Autor	Instrument	Strategie	Gesamt	Normativ	Deskript.	Empirisch
IJLM	1998		1	Lambert et. al.			x	x		
IJLM	1998		21	Closs et. al.		x				x
IJLM	1998		35	van Hoek/Weken	x			x		
IJLM	1998	2	51	Groves/Valsamakis		x				x
IJLM	1998		65	Tracey		x				x
IJLM	1998		83	Jenkins/Wright	x			x		
IJLM	1998		91	van der Veeken/Rutten		x		x		
IJLM	1998		99	Neuschel/Russel		x		x		
IJLM	1999		1	Christopher/Ryals			x	x		
IJLM	1999		11	Stank et. al.		x				x
IJLM	1999		25	Ellinger et. al.	x					x
IJLM	1999	1	37	Claycomb et. al.	x			x		
IJLM	1999		59	Berglund et. al.	x			x		
IJLM	1999		71	van Damme/van der Zon	x			x		
IJLM	1999		83	Towill/McCullen	x				x	
IJLM	1999		97	de Leeuw et. al.	x				x	
IJLM	1999		1	Holmström et. al.			x	x		
IJLM	1999		13	Mason-Jones/Towill		x		x		
IJLM	1999		27	Chandrashekar/Schary			x	x		
IJLM	1999	2	41	Skjoett-Larsen			x	x		
IJLM	1999		55	Taylor	x				x	
IJLM	1999		71	Wilding/Gundry		x			x	
IJLM	1999		83	Wouters et. al.		x		x		
IJLM	1999		99	Gudmundsson/Walczuk	x			x		
IJLM	2000		1	Lambert/Burduroglu			x	x		
IJLM	2000		19	Johnson/Anderson	x					x
IJLM	2000		37	van Hoek	x					x
IJLM	2000	1	47	Dadzie et. al.		x				x
IJLM	2000		61	Smaros et. al.	x			x		
IJLM	2000		75	Kallio		x			x	
IJLM	2000		89	Vokurka/Cummus		x		x		
IJLM	2000		99	Wagner/Frankel	x			x		
IJLM	2000		1	Walker et. al.		x			x	
IJLM	2000		9	Hewitt		x		x		
IJLM	2000		21	Logan	x			x		
IJLM	2000	2	33	Peck/Jüttner		x			x	
IJLM	2000		45	Lemke et. al.		x				x
IJLM	2000		59	Paik/Bagchi		x			x	
IJLM	2000		73	Rutner/Langley		x				x
IJLM	2000		83	Fernie			x			x
IJLM	2001		1	Lambert/Pohlem		x		x		
IJLM	2001		21	Svensson		x				x
IJLM	2001		37	Norck/Pohlen			x	x		
IJLM	2001	1	53	Persson(Virum		x				x
IJLM	2001		65	Haughton/Desmeules	x				x	
IJLM	2001		83	Humphries/Wilding			x		x	
IJLM	2001		97	Lowson			x			x

					Gegenstand			Ansatz		
Quelle	Jahr		Seite	Autor	Instrument	Strategie	Gesamt	Normativ	Deskript.	Empirisch
IJLM	2001		1	Sheffi			x	x		
IJLM	2001		13	Croxton et. al.			x	x		
IJLM	2001	2	37	Mejza et. al.			x			x
IJLM	2001		57	Hingley		x				x
IJLM	2001		73	van der Vorst et. al.			x		x	
IJLM	2001		87	Bolumole		x			x	
IJLM	2002		1	Christopher/Towill			x	x		
IJLM	2002		15	Simatupang/Sidharan			x	x		
IJLM	2002		31	Johanssen/Solem			x	x		
IJLM	2002	1	43	Daugherty et. al.		x				x
IJLM	2002		57	Frankel et. al.		x			x	
IJLM	2002		73	Spens/Bask			x		x	
IJLM	2002		89	Stapleton et. al.		x			x	

Quelle: Eigene Analyse

Anhang B: Englische Originalversion der Kennzahlen des SCOR-Modells der Ebene 1 und Definitionen

SCOR-Kennzahlen der Ebene 1 für den Gesamtprozess	
Kennzahl:	**Definition:**
Delivery Performance to Customer Request Date	The percentage of orders that is delivered on the customer's requested date.
Fill Rates	The percentage of ship-from-stock orders shipped within 24 hours of order receipt. For services, this metric is the proportion for services that are filled so that the service is completed within 24 hours
Perfect Order Fulfillment	A "perfect order" is defined as an order that meets all of the following standards: Delivered complete; all items on order are delivered in the quantities requested Delivered on time to customer's request date, using your customer's definition of on-time delivery Documentation supporting the order including packing slips, bills of lading, invoices, etc., is complete and accurate Perfect condition: Faultlessly installed (as applicable), correct configuration, customer-ready, no damage
Order Receipt to Order Entry Complete Time	Time required, in calendar days, for order revalidation, configuration check, credit check, and scheduling of received orders.
Responsiveness Lead Time	Minimizing elapsed time, including all delays, to receive a customer order and transform resources into goods and services, through to the point of customer receipt.
Upside/Downside Production Flexibility	The number of days required to achieve an unplanned sustainable 20% increase in production./ The percentage order reduction sustainable at 30 days prior to delivery with no inventory or cost penalties.

Cost of Goods Sold	The cost associated with buying raw materials and producing finished goods. This cost includes direct costs (labor, materials) and indirect costs (overhead).
Total Supply Chain Costs	Costs associated with the supply chain including execution, administration, and planning.
Value-Added Employee Productivity	Value added per employee is calculated as total product revenue less total material purchases ÷ total employment (in full-time equivalents).
Warranty Costs	Warranty costs include materials, labor and problem diagnosis for product defects.
Cash-to-Cash Cycle Time	Cash-to-cash cycle time = inventory days of supply + days sales outstanding – average payment period for materials (time it takes for a dollar to flow back into a company after its been spent for raw materials). For services, this represents the time from the point where a company pays for the resources consumed in the performance of a service to the time that the company received payment from the customer for those services.
Inventory Days Of Supply	Total gross value of inventory at standard cost before reserves for excess and obsolescence. Only includes inventory on company books, future liabilities should not be included. Five point annual average of the sum of all gross inventories (raw materials & Work in progress, plant Finished Goods, field Finished Goods, field samples, other) ÷ (Cost of goods sold ÷ 365).
Return on Assets	A financial measure of the relative income-producing value of an asset. It is calculated as net income divided by total assets.

Quelle: SUPPLY CHAIN COUNCIL 2002

Anhang C: Begründungen für die Auswahl der Kennzahlen

Kennzahl	Relevanz?	Messbarkeit?
Pünktliche Lieferungen	**bedingt:** Nur Teilaspekt des Servicelevels	**bedingt:** Servicelevel meist nur für Positionen vorhanden
Fill Rate (Auslieferung innerhalb 24h)	**nein:** Für Konsumgüter 2 - 5 Tage Lieferzeit üblich	**bedingt:** Meist nur Erfassung von durchschnittlichen Lieferzeiten
Perfekt erfüllte Aufträge (Menge, Zeit, Qualität)	ja: Für Kunden relevante Kennzahl	**bedingt:** Servicelevel meist nur für Positionen vorhanden
Durchschnittliche Lieferzeit (Auftragseingang bis Auslieferung)	ja: Für Kunden relevante Kennzahl	ja: In der Regel vorhanden
Supply-Chain-Response-Zeit (Reaktionszeit von Nullbestand bis erster Auslieferung)	ja: Guter Indikator für gesamte Flexiblität der Lieferkette	**nein:** Theoretische Größe, wird praktisch nicht erhoben
Flexibilität der Produktion (Vorlaufzeit für Kapazitätserhöhung um 20%)	**bedingt:** Wichtige interne Größe, aber eher als Instrument zu sehen denn als Erfolgsindikator	**bedingt:** Subjektive Einschätzung möglich, aber i.d.R. keine detaillierte Erfassung
Herstellkosten (Absolute Prozesskosten und Materialkosten)	**bedingt:** Wichtige Größe, aber nicht vollständig durch SCM beeinflussbar	**bedingt:** Nur relativer Vergleich möglich; absolute Höhe der Kosten für unterschiedliche Produkte nicht vergleichbar
Gesamtkosten SCM (Logistikkosten inkl. Planung, Abwicklung und Verwaltung)	ja: Umfassende und wichtige Kostengröße	**bedingt:** Meist nur Erfassung von operativen Kosten in Transport und Lager
Mehrwertproduktivität (Mehrwert je Angestellter)	**nein:** Nur marginal durch SCM beeinflussbar	**nein:** Keine übliche Kennzahl

Kennzahl	Relevanz?	Messbarkeit?
Garantiekosten	nein: Für Konsumgüter nur von marginaler Bedeutung	nein: Für Konsumgüter meist keine explizite Erfassung
Cash-to-Cash-Zykluszeit	ja: Wichtige SC-Größe	nein: Meist keine Messung durch SCM-Bereich sondern durch Finanzabteilung
Bestandsreichweite (Gesamtbestand Rohstoffe, Halbfabrikate, Fertigwaren)	ja: Wichtiger Kostenfaktor	bedingt: Wird standardmäßig für Fertigwaren gemessen, Messung für Rohstoffe i.d.R. durch andere Abteilung (Einkauf)
Umschlaghäufigkeit Anlagevermögen	bedingt: Wichtige Größe, aber nicht vollständig durch SCM beeinflussbar	nein: Meist keine Messung durch SCM-Bereich sondern durch Finanzabteilung
Kundenzufriedenheit* (subjektive Kundenbeurteilung)	ja: Wichtige kundenorientierte Kennzahl für SCM	ja: Messung durch Befragung des Handels
Flexibilität bei Kundensonderwünschen* (subjektive Selbsteinschätzung)	ja: Wichtige kundenorientierte Kennzahl für SCM	ja: Subjektive Einschätzung möglich

Anhang D: Gütekriterien für die Bewertung von SC-Kennzahlensystemen

BEAMON (1999, S. 276ff)

- Inklusivität: Werden alle Aspekte erfasst?
- Universalität: Ist eine Vergleichbarkeit gegeben?
- Messbarkeit: Sind die Datenanforderungen erfüllbar?
- Konsistenz: Sind die Messgrößen konsistent mit Unternehmenszielen?

HIEBER (2002, S. 80ff)

- Netzwerkorientierung: Integrieren die Kennzahlen lokale und globale Leistung?
- Partnerschaftsorientierung: Wird die kollaborative Einstellung als Grundvoraussetzung für SC-Erfolg erfasst?
- Balance-Orientierung: Werden finanzielle und nicht-finanzielle Kennzahlen in einem ausgewogenen Verhältnis berücksichtigt?
- Prozessorientierung: Beziehen sich die Kennzahlen auf Prozesse anstelle von Funktionen?
- Multi-level-Orientierung: Ist ein hierarchischer Aufbau von Kennzahlen zur Integration von Messgrößen auf den verschiedenen Ebenen gegeben?
- Modell-Orientierung: Erfolgt die Auswahl der Kennzahlen systematisch und geleitet durch ein generisches Modell der SC-Struktur?
- Scope-Orientierung: Ist das Kennzahlensystem skalierbar mit Reduktion auf wesentliche Messgrößen, aber erweiterbar für neue Entwicklungen?

CAPLICE/SHEFFI (1995)

- Inklusivität: Werden alle relevanten Einheiten und Beteiligten erfasst?
- Kausalorientierung: Werden Kennzahlen erfasst, die kausal mit dem Supply Chain-Erfolg verknüpft sind?
- Vertikale Integration: Gelingt eine Übersetzung von detaillierten Messgrößen zu den Gesamtunternehmensgrößen?
- Horizontale Integration: Sind alle Teilprozesse erfasst?
- Vergleichbarkeit: Werden Trade-offs zwischen verschiedenen Dimensionen der Supply Chain deutlich und vergleichbar gemacht?
- Nützlichkeit: Inwiefern ist das Messystem leicht verständlich und handlungsorientiert?

Aggregiertes Kriterium	**In der Literatur verwendete Kriterien bei ...**		
	BEAMON 1999	**CAPLICE/SHEFFI 1995**	**HIEBER 2002**
Horizontaler Fit	Inklusivität	Inklusivität, Horizontale Integration	Prozess-Orientierung, Scope-Orientierung
Vertikaler Fit	Universalität	Vertikale Integration	Multi-level-Orientierung
Zielkongruenz	Konsistenz	Kausalorientierung, Vergleichbarkeit	Partnerschafts-Orientierung, Modell-Orientierung, Balance-Orientierung
Netzwerkfähigkeit			Netzwerk-Orientierung
Handhabbarkeit	Messbarkeit	Nützlichkeit	

Quelle: BEAMON 1999, CAPLICE/SHEFFI 1995, HIEBER 2002

Anhang E: Kennzahlen des SCOR-Modells der Ebenen 2 und 3 für die einzelnen Prozesse

E.1. SCOR-Kennzahlen der Ebenen 2 und 3 für den Prozess: Plan	
Inputgrößen:	**Outputgrößen:**
Finished Goods Inventory	Supplier Fill Rate
Total WIP Inventory	Fill rate
Inventory Days of Supply	Source Flexibility
Capacity Utilization	Cash-to-cash Cycle Time
Total Deliver Costs	Order Management Cycle Time
Demand/Supply Planning Costs	Cumulative Source/Make Cycle Time
Return on Assets	Cumulative Make Cycle Time
	Delivery Performance to Customer Request Date
	Supplier Delivery on-time Delivery Performance
	Production plan adherence
	Forecast Accuracy
	Sales per Employee
	Re-plan Cycle Time
	Cumulative Source Cycle Time

Quelle: SUPPLY CHAIN COUNCIL 2002

E.2. SCOR-Kennzahlen der Ebenen 2 und 3 für den Prozess: Source	
Inputgrößen:	**Outputgrößen:**
Inventory	% Orders/lines processed complete
Time and Cost related to Expediting the Sourcing Processes of Procurement, Delivery, Receiving and Transfer.	Total Source Cycle Time to Completion
Product Acquisition Costs	
Value of assets provided by service provider(cost avoidance)	

Quelle: SUPPLY CHAIN COUNCIL 2002

E.3. SCOR-Kennzahlen der Ebenen 2 und 3 für den Prozess: Make	
Inputgrößen:	**Outputgrößen**
Engineering change order cost	Engineering change order cycle time
Indirect to direct headcount ratio	Performance to customer request date
Yield	Performance to customer commit date
Inventory Aging	Value-added productivity
Work in progress days of supply	Re-plan Cycle Time
Plant Operating Cost per hour	
Average plant-wide salary	
Warranty costs	
Total Item/Product manufacture time	
Capacity utilization	
Overhead cost	
Item/Product/Grade changeover time	
Cost\unit	
Asset Turns	
Product Losses (Sourced/In-Process/Finished)	

Quelle: SUPPLY CHAIN COUNCIL 2002

E.4. SCOR-Kennzahlen der Ebenen 2 und 3 für den Prozess: Deliver	
Inputgrößen:	**Outputgrößen:**
Finished Goods Inventory Days of Supply	Fill Rate
Order Management Costs	Delivery Performance to Customer Request Date
Inventory Obsolescence as a % of Total Inventory-not company specific	Delivery Performance to Customer Commit Date
	Downside Delivery Flexibility
	Upside Delivery Flexibility
	Deliver Cycle Time
	Perfect Order Fulfillment
	Published Delivery Cycle Time

Quelle: SUPPLY CHAIN COUNCIL 2002

Anhang F: Kennzahlen für unternehmensübergreifende Prozesse

Inputgrößen:	Outputgrößen:
Number of network events	Number of continuous improvement suggestions from transcorporate network members
Number of on-site partner visits	Patents and logistics prices awarded
Number and frequency of plan updates between partners	Supply chain openness and trust
Planning process cycle time	New product time-to-market
Common set of targets and objectives	
Information availability	
Transcorporate IT support	
Amount of collaborative execution routines	
Amount of collaborative planning routines	

Quelle: HIEBER 2002

Anhang G: Fragebogen

TEIL 1 : SUPPLY CHAIN MANAGEMENT METHODEN

A) Controlling und Organisation

Nr.	In welchem Umfang sind in Ihrem Unternehmen die folgenden Organisations-/Controllingmethoden umgesetzt? Bitte kreuzen Sie den Umsetzungsgrad an und erläutern bei teilweiser Umsetzung ggf., für welche Teilgruppen die Umsetzung erfolgt.	gar nicht 0%	teilweise 50%	vollständig 100%	Erläuterung falls teilweise
1	Messen Sie systematisch und regelmäßig unterjährig Ihre Lieferzuverkässigkeit (Servicegrad) ?	☐	☐	☐	
2	Messen Sie systematisch und regelmäßig unterjährig die Genauigkeit der Absatzplanung (Planfehler)?	☐	☐	☐	
3	Messen Sie die Warenverfügbarkeit im Regal (wenn ja, wie?)	☐	☐	☐	
4	Differenzieren Sie die Preisgestaltung der Produkte unter Einbeziehung von Supply Chain Prozesskosten?	☐	☐	☐	
5	Berechnen Sie die Bereitstellungskosten differenziert nach einzelnen Händlern?	☐	☐	☐	
6	Können Sie die Auswirkungen eines um 1% niedrigeren Servicegrads auf Bestand und Kosten beziffern?	☐	☐	☐	
7	Tauschen Sie Kennzahlen mit dem Handel aus? (Lieferzeit, Servicegrad etc.) ?	☐	☐	☐	
8	Diskutieren Sie Kostengrößen und Möglichkeiten zur Kostenverbesserung mit dem Handel?	☐	☐	☐	
9	Hat die Supply Chain Performance der Händler Einfluss auf die Gewährung von Boni? (z.B. Bonus für hohe Warenverfügbarkeit im Regal)	☐	☐	☐	
10	Wirkt sich die Lieferzuverlässigkeit über ein Anreizsystem auf das Gehalt der Supply Chain Manager aus?	☐	☐	☐	
11	Ist die Supply Chain - Gesamtverantwortung für Produktion, Logistik und Materialwirtschaft in einer Hand?	☐	☐	☐	

(0=gar nicht; 1=teilweise; 2=hauptsächlich)

Nr.	**Fragen zur Organisation:**	Produktion	Vertrieb	MM/SCM	Logistik	Nicht erfasst/ Sonst.
12	Bei wem liegt innerhalb Ihres Unternehmens die Verantwortung für Produktions- und Logistikkosten?	☐	☐	☐	☐	
13	Bei wem liegt innerhalb Ihres Unternehmens die Bestandsverantwortung:	☐	☐	☐	☐	
14	Wer erstellt den Produktionsgrobplan (Bedarfsplan)?	☐	☐	☐	☐	
15	Wer erstellt den Absatzplan?	☐	☐	☐	☐	
16	Wer verantwortet in Ihrem Unternehmen die Lieferzuverlässigkeit (Servicegrad)?	☐	☐	☐	☐	
17	Wer analysiert in Ihrem Unternehmen die KPI "Planungsgenauigkeit der Absatzplanung" ?	☐	☐	☐	☐	
18	Wer befasst sich in der Supply Chain mit Vorlaufzeiten von Lieferanten?	☐	☐	☐	☐	

Nr.		Jahr	Quartal	Monat	Woche
19	Mit welcher Frequenz erfassen Sie operative Supply Chain KPIs wie die Lieferzuverlässigkeit (Servicegrad)?	☐	☐	☐	☐

20 Welche KPIs sind Ihrer Meinung nach für die Supply Chain am wichtigsten?

B) Planung und Kooperation

	In welchem Umfang sind die folgenden Planungs- und Kooperationsmechanismen mit dem Handel umgesetzt? Bitte kreuzen Sie den Umsetzungsgrad in % vom Umsatz an, und erläutern bei teilweiser Umsetzung ggf., für welche Teilgruppen die Umsetzung erfolgt.	gar nicht 0%	20%	teilweise 40%	60%	vollständig 80%	100%	Erläuterung falls teilweise
21	Bilden Sie auf der Logistikarbeitsebene informelle Task forces gemeinsam mit Kunden?	☐	☐	☐	☐	☐	☐	
22	Passen Sie auf Wunsch das Verpackungs-/Displaydesign an Bedürfnisse einzelner Handelsunternehmen an?	☐	☐	☐	☐	☐	☐	
23	Analysieren Sie den Gesamtkosten/-nutzen von Promotions unter Berücksichtigung von Komplexitätskosten? (DB)	☐	☐	☐	☐	☐	☐	
24	Erstellen Sie eine gemeinsame Absatzprognose mit den Händlern (anstelle von zwei getrennten Prognosen)?	☐	☐	☐	☐	☐	☐	
25	Optimieren Sie die Kapazitätsplanung (Produktion, Logistik) zusammen mit Ihren Hauptkunden?	☐	☐	☐	☐	☐	☐	
26	Streben Sie unterschiedliche Servicelevel und Lieferzeiten für einzelne Händler an?	☐	☐	☐	☐	☐	☐	
27	Für welchen Anteil vom Umsatz übernehmen Sie die Bestandssteuerung im Handelslager (VMI)?	☐	☐	☐	☐	☐	☐	
28	Für welchen Anteil vom Umsatz übernehmen Sie die Bestandssteuerung in den Filialen?	☐	☐	☐	☐	☐	☐	
29	Würden Sie Ihre Planung als übersichtlich und durchschaubar bezeichnen?	☐	☐	☐	☐	☐	☐	

30 Setzen Sie eine Freeze-Period für die Planung ein? ja: ☐ nein: ☐

31 Wie oft wird gegen die Freeze Period in der Regel verstoßen? Ein mal pro ...

32 Wer bestimmt maßgeblich über die Supply Chain Prozesse (Logistikkonzept, Planungsphilosophie etc.) - Sie oder der Handel?

C) Informationstechnologie und Daten

In welchem Umfang sind in Ihrem Unternehmen die folgenden Daten und IT-Werkzeuge vorhanden?
Bitte kreuzen Sie den Umsetzungsgrad in % vom Umsatz an und erläutern bei teilweiser Umsetzung ggf., für welche Teilgruppen die Umsetzung erfolgt.

Nr.	Frage	gar nicht 0%	20%	teilweise 40%	60%	80%	vollständig 100%	Erläuterung falls teilweise
33	Setzen Sie Supply Chain- Optimierungssoftware (SAP APO, Manugistics, i2 etc.)ein? Wenn ja, welche?	☐	☐	☐	☐	☐	☐	
34	Können Sie sich auf die punktgenaue Qualität Ihrer Bestandsdaten verlassen?	☐	☐	☐	☐	☐	☐	
35	Für welchen Anteil des Umsatzes stehen Ihnen Bestandsdaten des Handels zur Verfügung?	☐	☐	☐	☐	☐	☐	
36	Für welchen Anteil des Umsatzes stehen POS-Daten der Händler zur Verfügung?	☐	☐	☐	☐	☐	☐	
37	Erstellen Sie Absatzprognose auf Basis der POS-Daten der Händler?	☐	☐	☐	☐	☐	☐	
38	Für welchen Anteil vom Umsatz nutzen Sie EDI für Transaktionsnachrichten wie ORDERS, INVOIC etc.?	☐	☐	☐	☐	☐	☐	
39	Für welchen Anteil nutzen Sie EDI für weitergehende Nachrichten wie Bestand, Prognosen etc.	☐	☐	☐	☐	☐	☐	
40	Zu welchem Anteil geben Sie Kunden on-line Zugriff zum Auftragsstatus?	☐	☐	☐	☐	☐	☐	

D) Logistik und Infrastruktur

Nr.	Frage	Zentrallager	Strecke	Abhollogistik
41	Welcher Anteil des Umsatzes läuft über die folgenden Logistikarten:	____ %	____ %	____ %

42 Wieviele Lagerstandorte nutzen Sie?

43 An wievielen Standorten haben Sie Produktion?

44 Wird ein Artikel auch an mehreren Standorten produziert und gelagert? (innerhalb Deutschlands oder international?)

In welchem Umfang weist Ihr Unternehmen die folgenden Logistik- und Infrastrukturmerkmale auf?
Bitte geben Sie den Umsetzungsgrad an und erläutern bei teilweiser Umsetzung ggf., für welche Teilgruppen die Umsetzung erfolgt.

Nr.	Frage	gar nicht 0%	teilweise 50%	vollständig 100%	Erläuterung falls teilweise
45	Nutzen Sie Cross-Docking-Punkte?	☐	☐	☐	
46	In welchem Ausmaß betreiben Sie Outsourcing von Logistik?	☐	☐	☐	

TEIL 2 : SUPPLY CHAIN STRATEGIE

A) Ziele des Supply Chain Managements

47 Bitte ordnen Sie die folgenden Ziele nach Ihrer Bedeutung für das Supply Chain Management von 1 (=wichtigstes Ziel) bis 7 (unwichtig). Bitte jede Zahl nur einmal zuordnen!

	Reihenfolge 1 bis 7	Zielerfüllung niedrig	Zielerfüllung mittel	Zielerfüllung hoch
- Verkürzung Lieferzeit		___	___	___
- Erhöhung Lieferzuverlässigkeit		___	___	___
- Verbesserung Cash Flow		___	___	___
- Verringerung Bestand		___	___	___
- Erhöhung Kundenzufriedenheit		___	___	___
- Reduktion Logistikkosten		___	___	___
- Reduktion Produktionskosten		___	___	___

Welche Ziele verfolgen Sie zusätzlich?

B) Segmentierung

Bilden Sie für Ihre Supply Chain Segmente die Sie dann getrennt analysieren und behandeln? Wieviele? Wonach segmentieren Sie? (Kunden? Produkte? Promotions?)
48 Verfolgen Sie unterschiedliche Strategien in Abhängigkeit der Machtposition?

Wodurch differenzieren Sie zwischen den Segmenten? Was verfolgen Sie je Segment für Ziele? Variieren einen der folgenden Parameter je nach Segment?
- Lieferzeit
- Angestrebter Servicegrad/Lieferzuverlässigkeit
- Planungsphilosophie

49 - Logistikprozesse

Bitte schauen Sie sich nun die folgende Matrix an: Die y-Dimension unterscheidet zwischen schwer vorherzusagenden Produkten mit hohen Absatzschwankungen (Planfehler > 20%) und Produkten mit geringen Schwankungen. Die x-Achse trennt Produkte mit flexiblen Produktionsstrukturen (innerhalb 1
50 Woche 50% Änderung möglich) von unflexiblen Strukturen. Wie teilt sich Ihr Umsatz auf die Felder auf?

Unsicherheit der Nachfrage	Flexibilität der Produktion -	Flexibilität der Produktion +
+	Unsichere Nachfrage bei starrer Produktion: _______ %	Unsichere Nachfrage bei flexibler Produktion: _______ %
-	Stabile Nachfrage bei starrer Produktion: _______ %	Stabile Nachfrage bei flexibler Produktion: _______ %

C) Ausrichtung der Supply Chain und Kooperation

51 Welche Bedeutung messen Sie der engen Zusammenarbeit mit Händlern für Ihr Unternehmen zu? Was läuft in der praktischen Zusammenarbeit gut, was eher schlecht? In welchem Umfang haben Sie dadurch bisher Ihre Prozesse verbessern können?

52 Stellen Sie sich vor, Sie hätten 3 Wünsche frei! Was müsste sich von Seite des Handels oder sonstiger Rahmenbedingungen ändern, damit Sie die Supply Chain verbessern könnten? Wie hoch schätzen Sie das Optimierungspotential Ihrer "Traumwelt" in den einzelnen Kostenkategorien ein?

53 Was sind die drei Wünsche, die Sie für den Handel erfüllen (oder erfüllen könnten), die zu Verbesserungen in der Gesamtsupplychain führen ? Wie hoch sind Ihre Kosten hierfür?

54 Wo sehen Sie Vorteile einer Zentralisierung?
(bei Warenströmen? bei Entscheidungen?)
Betrachten Sie sich als zentralisiertes Unternehmen?

55 Wo sehen Sie Möglichkeiten für eine stärkere Kooperation mit anderen Herstellern?

56 Welche Prozesse innerhalb der Supply Chain beherrscht Ihr Unternehmen besonders gut, wo sind Ihre Stärken?

TEIL 3 : EINSCHÄTZUNG DER WETTBEWERBSSITUATION

In welchem Umfang treffen die folgenden Aussagen auf die Situation Ihres Unternehmens zu?

gar nicht — teilweise — vollständig

		1	2	3	4	5	6
57	Meinem Unternehmen geht es finanziell sehr gut	☐	☐	☐	☐	☐	☐
58	Die interne Zusammenarbeit zwischen Produktion, Vertrieb und Logistik ist exzellent	☐	☐	☐	☐	☐	☐
59	Für mein Unternehmen gilt: wir sind dem Handel bei Einkaufsverhandlungen oft unterlegen	☐	☐	☐	☐	☐	☐
60	Meine Produkte sind wegen Ihrer Markenbedeutung unverzichtbar, und daher nicht von Auslistungen bedroht	☐	☐	☐	☐	☐	☐
61	Wir haben durch bessere Zusammenarbeit mit dem Handel sogar in der Produktion unsere Prozesse optimieren können	☐	☐	☐	☐	☐	☐
62	Durch ein effizientes Management der Supply Chain hat mein Unternehmen Wettbewerbsvorteile erzielen können	☐	☐	☐	☐	☐	☐
63	Die finanzielle Gesamtsituation meines Unternehmens hat sich in den letzten 3 Jahren verbessert	☐	☐	☐	☐	☐	☐
64	Im Vergleich zu anderen Konsumgüterherstellern erreichen wir einen weit überdurchschnittlichen RoI	☐	☐	☐	☐	☐	☐
65	Im Vergleich zu anderen Konsumgüterherstellern erreichen wir einen weit überdurchschnittlichen RoS	☐	☐	☐	☐	☐	☐
66	Mein Unternehmen hat in den letzten Jahren Marktanteil eher gewonnen als verloren	☐	☐	☐	☐	☐	☐
67	In den letzten 5 Jahre haben wir große Vorteile durch Prozessverbesserungen in der Supply Chain erreicht. Diese Vorteile ergaben sich vor allem aus:	☐	☐	☐	☐	☐	☐
68	- Kostensenkung Logistik (Transport, Lager)	☐	☐	☐	☐	☐	☐
69	- Bestandsreduktion	☐	☐	☐	☐	☐	☐
70	- Verbesserung Warenverfügbarkeit	☐	☐	☐	☐	☐	☐
71	- Beschleunigung Bestell- und Lieferprozesse	☐	☐	☐	☐	☐	☐
72	- Reduktion Personalaufwand für Auftragsabwicklung und Planung	☐	☐	☐	☐	☐	☐
73	- Kostensenkung Produktionsprozesse	☐	☐	☐	☐	☐	☐
74	Der Verdrängungswettbewerb und die Konkurrenz sind für meine Produkte im Vergleich zu anderen Kategorien stark ausgeprägt	☐	☐	☐	☐	☐	☐
75	Neue Produkte und Innovationen sind für meine Produkte von entscheidender Bedeutung für den Erfolg im Wettbewerb	☐	☐	☐	☐	☐	☐
76	Promotions und Sonderaktionen sind sehr wichtig für die Produkte	☐	☐	☐	☐	☐	☐
77	Die Saisonalität meiner Produkte ist stark ausgeprägt	☐	☐	☐	☐	☐	☐
78	Die Zusammenarbeit mit dem Handel ist konstruktiv und lösungsorientiert	☐	☐	☐	☐	☐	☐
79	Der Handel ist in Deutschland grundsätzlich in einer besseren Machtposition als die Hersteller	☐	☐	☐	☐	☐	☐
80	Ein gutes Management der Lieferkette ist entscheidend für den Gesamterfolg des Unternehmens	☐	☐	☐	☐	☐	☐

TEIL 4 : BEWERTUNG PARTNER

81 Messen Sie regelmäßig die Kundenzufriedenheit in Hinblick auf die Leistung Ihrer Supply Chain? ja: ☐ nein: ☐

82 **Wie bewerten Sie die Zusammenarbeit mit den folgenden Handelsunternehmen?**

	Wie ist die Zusammenarbeit qualitativ? Gibt es ein partnerschaftliches und faires Verhältnis?				**Wie hoch ist die fachliche Kompetenz des Partners? Trägt der Partner zur Entwicklung effizienter Supply Chain Lösungen bei?**			
	schlechtes Verhältnis			gutes Verhältnis	geringe Kompetenz			hohe Kompetenz
	1	2	3	4	1	2	3	4
Handel insgesamt	☐	☐	☐	☐	☐	☐	☐	☐
Aldi	☐	☐	☐	☐	☐	☐	☐	☐
AVA (Edeka)	☐	☐	☐	☐	☐	☐	☐	☐
Bartels-L.	☐	☐	☐	☐	☐	☐	☐	☐
Bremke & Hoerster	☐	☐	☐	☐	☐	☐	☐	☐
Budnikowski	☐	☐	☐	☐	☐	☐	☐	☐
Bünting	☐	☐	☐	☐	☐	☐	☐	☐
Coop Schleswig-Holstein	☐	☐	☐	☐	☐	☐	☐	☐
Distributa	☐	☐	☐	☐	☐	☐	☐	☐
dm	☐	☐	☐	☐	☐	☐	☐	☐
Dohle	☐	☐	☐	☐	☐	☐	☐	☐
EDEKA	☐	☐	☐	☐	☐	☐	☐	☐
Globus	☐	☐	☐	☐	☐	☐	☐	☐
Ihr Platz	☐	☐	☐	☐	☐	☐	☐	☐
Klaas+Klock	☐	☐	☐	☐	☐	☐	☐	☐
Lekkerland-Tobaccoland	☐	☐	☐	☐	☐	☐	☐	☐
Markant	☐	☐	☐	☐	☐	☐	☐	☐
Metro	☐	☐	☐	☐	☐	☐	☐	☐
Müller	☐	☐	☐	☐	☐	☐	☐	☐
Norma	☐	☐	☐	☐	☐	☐	☐	☐
Ratio	☐	☐	☐	☐	☐	☐	☐	☐
REWE	☐	☐	☐	☐	☐	☐	☐	☐
Rossmann	☐	☐	☐	☐	☐	☐	☐	☐
Schlecker	☐	☐	☐	☐	☐	☐	☐	☐
Schwarz	☐	☐	☐	☐	☐	☐	☐	☐
Spar	☐	☐	☐	☐	☐	☐	☐	☐
Tegut	☐	☐	☐	☐	☐	☐	☐	☐
Tengelmann	☐	☐	☐	☐	☐	☐	☐	☐
Walmart	☐	☐	☐	☐	☐	☐	☐	☐
83 **Wenn Händler den Fragebogen ausfüllen - Wo stehen Sie?**	☐	☐	☐	☐	☐	☐	☐	☐

TEIL 5 : BENCHMARKING UND UNTERNEHMENSDATEN

A) Struktur- und Produktionsdaten

84 Wieviele unterschiedliche Artikel stellen Sie her? ______ (ohne Displayvarianten)

85 Wie groß war Ihr Umsatz im Jahr 2001? ______ Mio. EUR

86 Welchen Anteil an Ihrem Umsatz bilden Handelsmarken? ______ %

87 Wieviele Einheiten umfasst Ihre durchschnittliche Liefergröße? ______ Stck.

88 Wie viel höher ist die Produktionsmenge in einer hoch ausgelasteten Woche im Vergleich zu einer schwachen Woche? ______ %

89 Welcher Anteil der Artikel wird wöchentlich oder öfter produziert? ______ %

90 Wie groß ist Ihre durchschnittliche Lieferzeit? (Auftragsabgabe bis Auslieferung) ______ Tage

91 Wie hoch ist der Anteil von Eilaufträgen? ______ %

92 Wieviel Vorlaufzeit brauchen Sie, um ein spezielles Display anbieten zu können? ______

B) Performancedaten

93 Welche Umsatzrendite (RoS) haben Sie 2001 erwirtschaftet? ______ %

94 Wie hoch war Ihre Lieferzuverlässigkeit 2001 (Perfekte Lieferungen mit Einhaltung Termin, Menge, Qualität)
- bezogen auf gesamte Bestellungen ______ %
- bezogen auf einzelnen Bestellpositionen ______ %

95 Wie hoch ist Ihre durchschnittliche Prognosegenauigkeit bei der Absatzplanung? ______ % Def.: ______

96 Wie hoch ist die Erfüllung Ihrer Produktionsaufträge? (Produktionsgenauigkeit) ______ % Def.: ______

97 Wie groß ist Ihre Bestandsreichweite? ______ Tage

C) Kostendaten

98 Wie hoch waren die folgenden Kosten 2001 in % des Umsatzes?

Obsoleszenz-/Vernichtungskosten ______ %

Lagerkosten ______ %

Transportkosten ______ %

Auftragsabwicklung ______ %

Planung, Management, IT ______ %

Literaturverzeichnis

A.T. KEARNEY/PAP 1998
A.T. Kearney/PAP: Assessing the profit impact of ECR; ECR Europe Report 1998

ALI/SEIFORD 1993
A. Ali, L. Seiford: The mathematical Programming Approach to Efficiency Analysis; in: H. Fried, K. Lovell, S. Schmidt: The measurement of productive efficiency; New York: Oxford University Press, 1993, S. 120 - 159

ANDERSEN/PETERSEN 1993
P. Andersen, N. Petersen: A Procedure for Ranking efficient Units in Data Envelopment Analysis; in: Management Science, 39 (1993) 10, S. 1261 - 1264

ANTHONY et al. 1972
R. Anthony, J. Dearden, R. Vancil: Key economic variables; in: Management Control Systems - text, cases and readings, S. 147ff; Homewood: Irwing, 1972

AULINGER 1996
A. Aulinger: Kooperation Ökologie: Kooperationen im Rahmen ökologischer Produktpolitik; Marburg: Metropolis, 1996

BACKHAUS et al. 2000
K. Backhaus, B. Erichson, W. Plinke, R. Weiber: Multivariate Analysemethoden - eine anwendungsorientierte Einführung; Berlin: Springer, 2000

BALLOU 1999
R. Ballou: Business Logistics Management, 4. ed.; New Jersey: Prentice Hall, 1999

BANKER et al. 1984
R. Banker, A. Charnes, W. Cooper: Some Models for Estimating Technical and Scale Inefficiencies in Data Envelopment Analysis; in: Management Science 30 (1984), S. 1078 - 1092

BAUMGART et al. 2002
G. Baumgart, B. Ester, C. Schick: CPFR-Implementation at dm-drogeriemarkt and Henkel in Germany; in: Dirk Seifert: Collaborative Planning Forecasting and Replenishment; Bonn: Galileo Press, 2002

BEAMON 1999
B. Beamon: Measuring supply chain performance; in: International Journal of Operations & Production Management, 19 (1999), 3/4, S. 275 - 292

BECHTEL/JAYARAM 1996
C. Bechtel, J. Jayaram: Supply Chain Management: a strategic perspective; in: The International Journal of Logistics Management, 7 (1996) 2, S. 15 - 34

BOWERSOX/CLOSS 1996
D. Bowersox, D. Closs: Logistical management: the integrated supply chain process, 3. ed.; Boston: McGraw-Hill, 1996

BRAUN et al. 2003
M. Braun, U. Kopka, T. Tochtermann: Promotions - ein Fass ohne Boden?; in: akzente 27 (April 2003), S. 16 - 23

BREWER/SPEH 2000
P.C. Brewer, T. W. Speh: Using the Balanced Scorecard to measure Supply Chain Performance; in: Journal of Business logistics, 21 (2000) 1, S. 75 - 93

BURGESS 1998
R. Burgess: Avoiding Supply Chain Management Failure: Lessons from Business Process Reengineering; in: The International Journal of Logistics Management, 9 (1998) 1, S. 15 - 24

BUZZLE/GALE 1987
R. Buzzle, B. Gale: The PIMS principles; New York: The Free Press, 1987

BYRNE 2001
B. Byrne: Structural Equation Modeling with AMOS - Basic Concepts, Applications, and Programming; Mahwah: Lawrence Erlbaum Associates, 2001

CAPLICE/SHEFFI 1994
C. Caplice, Y. Sheffi: A review and evaluation of logistics metrics; in: The International Journal of Logistics Management, 5 (1994) 2, S. 11 - 28

CAPLICE/SHEFFI 1995
C. Caplice, Y. Sheffi: A review and evaluation of logistics performance measurement systems; in: The International Journal of Logistics Management, 6 (1995) 1, S. 61 - 75

CCG 2001
CCG: ECR-Monitor/ECR-Status Deutschland; Köln: CCG-Bericht, 2001

CHARNES et al. 1978
A. Charnes, W. Cooper, E. Rhodes: Measuring the efficiency of decision making units; in: European Journal of Operational Research, 2 (1978), S. 429-444

CHRISTOPHER 1998
M. Christopher: Relationships and alliances - embracing the era of network competition; in: John Gattorna: Strategic supply chain alignment; Aldershot: Gower House 1998, S. 272 - 284

CLARK/LEE 2000
T. Clark, H. Lee: Performance, interdependence and coordination in business-to-business electronic commerce and supply chain management; in: Information Technology and Management, 1 (2000), S. 85 - 105

CLARKE/GOURDIN 1991
R. Clarke, K. Gourdin: Measuring the efficiency of the logistics process; in: Journal of Business Logistics, 12 (1991) 2, S. 17 - 34

COOPER et al. 1997
M. Cooper, D. Lambert, J. Pagh: Supply Chain Management: More than a new name for logistics; in: The International Journal of Logistics Management, 8 (1997) 1, S. 3 - 24

COOPER et al. 2000
W. Cooper, L. Seiford, K. Tone: Data envelopment analysis - a comprehensive text with models, applications references and DEA-Solver software; Boston: Kluwer, 2000

COOPERS & LYBRAND 1996
Coopers & Lybrand: European Value Chain Analysis; ECR Europe Report,1996

COPACINO 1997
W. Copacino: Supply chain management - the basics and beyond; Boca Raton: St. Lucie Press, 1997

CORSTEN/PÖTZL 2000
D. Corsten, J. Pötzl: ECR - Efficient Consumer Response; München: Hanser, 2000

CUBBIN/TZANIDAKIS 1998
J. Cubbin, G. Tzanidakis: Techniques for analysing company performance; in: Business Strategy Review, 9 (1998) 4, S. 37 - 47

DAVIS 1993
T. Davis: Effective Supply Chain Management; in: Sloan Management Review, 34 (1993) 2, S. 35-46

DIEKMANN 1996
A. Diekmann: Empirische Sozialforschung - Grundlagen, Methoden, Anwendungen; Reinbek: Rowohlt, 1996

DÖRFLEIN/HENNIG 2000
M. Dörflein, A. Hennig: Electronic Commerce und EDI; in: R. Thome, H. Schinzer: Electronic Commerce, München: Vahlen, 2000, S. 181 - 207

DYSON et al. 2001
R. Dyson, R. Allen, A. Camanho, V. Podinovski, C. Sarrico, E. Shale: Pitfalls and Protocol in DEA; in: European Journal of Operational Research, 132 (2001), S. 245 - 259

EHI 2002
Eurohandelsinstitut: Handel aktuell 2002 - Struktur, Kennzahlen und Profile aus dem deutschen und internationalen Handel; Köln: EHI-Verlag, 2002

ELLINGER et al. 1999
A. Ellinger, J. Tayler, P. Daugherty: Automatic replenishment programs and level of involvement - performance implications; in: The International Journal of Logistics Management, 10 (1999) 1, S. 25 - 36

ELLRAM/COOPER 1993
L. Ellram, M. Cooper: The relationship between supply chain management and keiretsu; in: The International Journal of Logistics Management, 4 (1993) 1, S. 1 - 12

FERNIE et al. 2000
J. Fernie, F. Pfab, C. Marchant: Retail Grocery Logistics in the UK; in: The International Journal of Logistics Management, 11 (2000) 2, S. 83 - 90

FICK 2001
D. Fick: Optimierung der Supply Chain durch Continuous Replenishment; in: Supply Chain Management (2001) 1, S. 55 - 60

FISHER 1997
M. Fisher: What is the Right Supply Chain for Your Product?; in: Harvard Business Review, 1997 Nr. 3/4, S. 105 - 116

FORKER/MENDEZ 2001
L. Forker, D. Mendez: An analytical method for benchmarking best peer suppliers; in: International Journal of Operations & Production Management, 21 (2001) 1/2, S. 195 - 209

FRANKEL et al. 2002
R. Frankel, T. J. Goldsby, J. M. Whipple: Grocery Industry Collaboration in the Wake of ECR; in: International Journal of Logistics Management, 13 (2002) 1, S. 57 - 70

FRESE 1995
Erich Frese: Grundlagen der Organisation - Konzept, Prinzipien, Strukturen; Wiesbaden: Gabler, 1995

FRIGO-MOSCA 1998
F. Frigo-Mosca: Referenzmodelle für Supply Chain Management nach den Prinzipien der zwischenbetrieblichen Kooperation; Zürich: vdf Hochschulverlag, 1998

FRITZ 1993
W. Fritz: Die empirische Erfolgsfaktorenforschung und ihr Beitrag zum Marketing - eine Bestandsaufnahme; Braunschweig: Berichte des Instituts für Wirtschaftswissenschaften der TU Braunschweig, 1993

GARRIGA et al. 2002
E. Garriga, S. Duque, H. Teuscher: CPFR Implementation at Henkel Spain; in: Dirk Seifert: Collaborative Planning Forecasting and Replenishment; Bonn: Galileo Press, 2002

GERMAIN 1989
R. Germain: An investigation of performance measurement: The impact of logistics structure and strategy; Dissertation Michigan State University, 1989

GOLANY/ROLL 1989
B. Golany, Y. Roll: An application procedure for DEA; in: OMEGA 17 (1989) 3, S. 237 - 250

GOLLWITZER/KARL 1998
M. Gollwitzer, R. Karl: Logistik-Controlling; München: Wirtschaftsverlag Langen Müller/Herbig, 1998

GÖTTGENS 1996
O. Göttgens: Erfolgsfaktoren in schrumpfenden Märkten: Instrumente einer erfolgreichen Unternehmenspolitik; Wiesbaden: Gabler, 1996

GROVES/VALSAMAKIS 1998
M. Groves, M. Valsamakis: Supplier-customer relationships and company performance; in: The International Journal of Logistics Management, 9 (1998) 2, S. 51 - 64

GÜNTHER/TEMPELMEIER 1997
H.-O. Günther, H. Tempelmeier: Produktion und Logistik; Berlin: Springer, 1997

GUNASEKARAN et al. 2001
A. Gunasekaran, C. Patel, E. Tirtiroglu: Performance measurement and metrics in a supply chain environment; in: International Journal of operations & Production Management, 21 (2001) 1/2, S. 71 - 87

HAAS 2002
F. Haas: Verwendung der Data Envelopment Analysis bei der Effizienzbetrachtung von Prozessen; Internes Arbeitspapier der Universität Münster, 2002

HAENECKE 2001
H. Haenecke: Krankenkassen-Marketing: eine empirische Analyse der Erfolgsfaktoren; Mering: Hampp, 2001

HAENECKE 2002
H. Haenecke: Methodenorientierte Systematisierung der Kritik an der Erfolgsfaktorenforschung; in: ZfB, 72 (2002) 2, S. 165 -183

HANDFIELD/NICHOLS 1999
R. Handfield, E. Nichols: Introduction to Supply Chain Management; New Jersey: Prentice Hall, 1999

HARTUNG 2002
J. Hartung: Lehr- und Handbuch der angewandten Statistik; München: Oldenbourg, 2002

HAUSMANN 2000
W. Hausmann: Supply Chain Performance Metrics; Internal paper Stanford University, 2000

HIEBER 2002
R. Hieber: Supply Chain Management - A collaborative performance measurement approach; Zürich: vdf Hochschulverlag, 2002

HOMBURG 2000
C. Homburg: Using data envelopment analysis to benchmark activities; in: International Journal of Production Economics, 73 (2001), S. 51 - 58

HOOVER et al. 2001
W. E. Hoover, E. Eloranta, J. Holmström, K. Huttunen: Managing the Demand-Supply Chain: Value innovations for customer satisfaction; New York: John Wiley & Sons, 2001

JAYARAM et al. 2000
J. Jayaram, S. Vickery, C. Droge: The effects of information system infrastructure and process improvements on supply chain time performance; in: International Journal of Physical Distribution and Logistics Management, 30 (2000) 4, S. 314 - 330

KALKA 1996
R. Kalka: Marketingerfolgsfaktoren im Facheinzelhandel; Wiesbaden: Gabler, 1996

KAPLAN/NORTON 1992
R. Kaplan, D. Norton: The balanced scorecard - measures that drive performance; in: Harvard Business Review, 1992 Nr. 1, S. 71 - 79

KLEINE 2002
A. Kleine: DEA-Effizienz: Entscheidungs- und produktionstheoretische Grundlagen der Data Envelopment Analysis; Wiesbaden: Gabler, 2002

KLEMM-BAX 2000
S. Klemm-Bax: Erfolgsfaktoren: Ein unscharfer Modellansatz zur Bestimmung des Unternehmenserfolgs auf der Grundlage empirischer Daten; Dissertation Paderborn, 2000

KOTZAB 1999
H. Kotzab: Improving supply chain performance by efficient consumer response? A critical comparison of existing ECR approaches; in: Journal of Business & Industrial Marketing, 14 (1999) 5/6, S. 364 - 378

KRECHTING 1997
M. Krechting: Internationales Versandhandels-Marketing: eine empirische Analyse strategischer Erfolgsfaktoren international übertragener deutscher Marketingkonzepte, Mering: Hampp, 1997

KRÜSI-SCHÄDLE 2001
M. Krüsi-Schädle: Unterschiede zwischen erfolgreichen und nicht erfolgreichen Business-Proces-Reengeneering-Projekten; Zürich: Dissertation, 2001

KUBE 1991
C. Kube: Erfolgsfaktoren in Filialsystemen: Diagnose und Umsetzung im strategischen Controlling; Wiesbaden: Gabler, 1991

KUGLIN/ROSENBAUM 2001
F. Kuglin, B. Rosenbaum: The supply chain network @ internet speed; New York: AMACOM, 2001

LALONDE/POHLEN 1996
B. Lalonde, T. Pohlen: Issues in Supply Chain Costing; in: The International Journal of Logistics Management, 7 (1996) 1, S. 1 - 12

LAMBERT et al. 1998
D. Lambert, J. Stock, L. Ellram: Fundamentals of logistics management; Boston: McGraw Hill, 1998

LAMBERT/POHLEN 2001
D. M. Lambert, T. L. Pohlen: Supply Chain Metrics; in: International Journal of Logistics Management, 12 (2001) 1, S. 1 - 19

LAPIDE 2000
L. Lapide: True Measures of Supply Chain Performance; in: Supply Chain Management Review, 4 (2000) 3, S. 25 - 27

LEE et al. 1997
H. Lee, P. Padmanabhan, S. Whang: The Bullwhip effect in Supply Chains; in: Sloan Management Review, 38 (1997) 1, S. 93 - 112

LI 1996
S. Li: Analyzing efficiency and managerial performance; New York: Garland, 1996

LINTON et al. 2002
J. Linton, S. Walsh, J. Morabito: Analysis, ranking and selection of R&D projects in a portfolio; in: R&D Management, 32 (2002) 2, S. 139 - 148

LOVELL 1993
K. Lovell: Production frontiers and productive efficiency; in: H. Fried, K. Lovell, S. Schmidt: The measurement of productive efficiency; New York: Oxford University Press, 1993, S. 3-67

LOVELL et al. 1994
K. Lovell, L. Walters, L. Wood: Stratified Models of Education Production Using Modified DEA and Regression Analysis; in: A. Charnes, W. Cooper, A. Lewin, L. Seiford: Data Envelopment Analysis: Theory, methodology, and Application; Boston: Kluwer, 1994

LUO/DONTHU 2001
X. Luo, N. Donthu: Benchmarking Advertising Efficiency; in: Journal of Advertising Research, 41 (2001) 6, S. 7 - 19

MALONI/BENTON 2000
M. Maloni, W. C. Benton: Power influences in the supply chain; in: Journal of Business Logistics, 21 (2000) 1, S. 49 - 73

MARTIC/SAVIC 2001
M. Martic, G. Savic: An application of DEA for comparative analysis and ranking of regions in Serbia with regards to social-economic development; in: European Journal of Operational Research, 132 (2001), S. 343 - 356

MASON-JONES/TOWILL 1999
R. Mason-Jones, D. Towill: Using the information decoupling point to improve supply chain performance; in: The International Journal of Logistics Management, 10 (1999) 2, S. 13 - 26

MENTZER 2001
J. Mentzer: Supply Chain Management; Thousand Oaks: SAGE, 2001

METRO MGL LOGISTIK 2002
Metro MGL Logistik GmbH: Ganzheitliche Handelslogistik : Innovation in der Supply Chain durch einen "Internal 4PL"; Düsseldorf: Metro MGL Logistik GmbH, 2002

MEUSER/NAGEL 1991
M. Meuser, U. Nagel: ExpertInneninterviews - vielfach erprobt, wenig bedacht; in: D. Garz, K. Kraimer: Qualitativ-empirische Sozialforschung - Konzepte, Methoden, Analyse; Opladen: Westdt. Verlag, 1991, S. 441 - 471

MRONCZKA et al. 2002
R. Mronczka, R. Trent, R. Handfield: Purchasing and Supply Chain Management; Mason: South Wester, 2002

NEELY et al. 2000
A. Neely, J. Mills, K. Platts, H. Richards, M. Gregory, M. Bourne, M. Kennerley: Performance measurement system design: developing and testing a process-based approach; in: International Journal of Operations & Production Management, 20 (2000) 10, S. 1119 - 1145

NIGGL 1994
J. Niggl: Die Entstehung von Electronic Data Interchange Standards; Wiesbaden: Gabler, 1994

OTTO/KOTZAB 2001
A. Otto, H. Kotzab: Der Beitrag des Supply Chain Managements zu Management von Supply Chains - Überlegungen zu einer unpopulären Frage; in: Zfbf, 53 (2001) 2, S. 157 -176

PETERS/WATERMAN 2000
T. J. Peters, R. H. Waterman: Auf der Suche nach Spitzenleistungen - Was man von den bestgeführten US-Unternehmen lernen kann; Landsberg: Moderne Verlagsgesellschaft, 2000

POREMBSKI 2000
M. Porembski: Produktivität der Banken - Untersuchungen mit der Data Envelopment
Analysis; Wiesbaden: Gabler Verlag, 2000

PÜMPIN 1982
C. Pümpin: Management strategischer Erfolgsfaktoren - das SEP-Konzept als Grundlage wirkungsvoller Unternehmensführung; Bern: Haupt Verlag, 1982

RICHMOND et al. 1998
B. Richmond, A. Burns, J. Maybe, L. Nuthall, R. Toole: Supply chain management tools - minimizing the risks: maximizing the benefits; in: John Gattorna: Strategic supply chain alignment; Aldershot: Gower House 1998, S. 509 - 520

ROCKART 1979
J. Rockart: Chief executives define their own data needs; in: Harvard Business Review, 1979 Nr. 3/4, S. 81 - 93

SCHEEL 2000
H. Scheel: Effizienzmaße in der Data-Envelopment-Analysis; Wiesbaden: Gabler, 2000

SCHEEL 2001
H. Scheel: Undesirable Outputs in efficiency Valuations; in: European Journal of Operational Research, 132 (2001), S. 400 - 410

SCHEEL 2002
H. Scheel: Efficiency Measurement System; Universität Dortmund: www.wiso.uni-dortmund.de/lsfg/or/scheel/ems, 2002

SCHEFCZYK 1994
M. Schefczyk: Kritische Erfolgsfaktoren in schrumpfenden Branchen: dargestellt am Beispiel der Gießerei-Industrie; Stuttgart: M und P, 1994

SCHINZER/BÖHNLEIN 2000
H. Schinzer, C. Böhnlein: Supply Chain Management; in: R. Thome, H. Schinzer: Electronic Commerce, München: Vahlen, 2000, S. 27 - 44

SEIFERT 2001
D. Seifert: Efficient Consumer Response - Supply Chain Management, Category Management und Collaborative Planning, Forecasting and Replenishment als neue Strategieansätze; München: Hampp, 2001

SEIFERT 2002
D. Seifert: Collaborative Planning Forecasting and Replenishment; Bonn: Galileo Press, 2002

SEURING 2001
S. Seuring: Supply Chain Costing - Kostenmanagement in der Wertschöpfungskette mit Target Costing und Prozesskostenrechnung; München: Vahlen, 2001

SIMAR/WILSON 1998
L. Simar, P. Wilson: Sensitivity Analysis of efficiency Scores: How to Bootstrap in Nonparametric Frontier Models; in: Management Science, 44 (1998) 1, S. 49 - 61

SIMCHI-LEVI et al. 2000
D. Simchi-Levi, P. Kaminsky, E. Simchi-Levi: Designing and Managing the Supply Chain; Boston: McGraw-Hill, 2000

SINUANY-STERN/FRIEDMAN 1998
Z. Sinuany-Stern, L. Friedman: DEA and the discriminant analysis of rations for ranking units; in: European Journal of Operational research, 111 (1998), S. 470 - 478

SMITH et al. 1998
T. Smith, J. Maybe, J. Beech: Components of demand planning - putting together the details for success; in: John Gattorna: Strategic supply chain alignment; Aldershot: Gower House 1998, S. 123 - 137

SPEKMAN et.al. 1998
R Spekman, J. Kamauff Jr, N. Myhr: An empirical investigation into supply chain management - A perspective on partnerships; in:Supply Chain Management, 3 (1998) 2, S. 53-67

SUEYOSHI et al. 1999
T. Sueyoshi, K. Ohnishi, Y. Kinase: A benchmark approach for baseball evaluation; in: European Journal of Operational Research, 115 (1999), S. 429 - 448

SUHREN 1997
V. Suhren: Data Envelopment Analysis - Vorstellung der Methode und Konzept zur Integration in ein umfassendes Führungsinformationssystem; Bonn: ILB-Bonn, 1997

SUPPLY CHAIN COUNCIL 2002
Supply Chain Council: Supply Chain Operations Reference-model: SCOR Version 5.0; www.supply-chain.org, 2002

TORRES/MILLER 1998
L. Torres, J. Miller: Aligned logistics operations - tailoring logistics to the needs of customers; in: John Gattorna: Strategic supply chain alignment; Aldershot: Gower House 1998, S. 42 - 59

TREECK/SEISHOFF 2002
S. Treeck, M. Seishoff: CPFR in Germany, Austria and Switzerland; in: Dirk Seifert: Collaborative Planning Forecasting and Replenishment; Bonn: Galileo Press, 2002

VAN HOEK 1998
R. van Hoek: Measuring the unmeasurable - measuring and improving performance in the supply chain; in: Supply Chain Management, 3 (1998) 4, S. 187 - 192

WEITZENDORF 2000
T. Weitzendorf: Der Mehrwert von Informationstechnologie: eine empirische Studie der wesentlichen Einflussfaktoren auf den Unternehmenserfolg; Wiesbaden: Gabler, 2000

WILDEMANN 1999
H. Wildemann: Efficient Consumer Response - Leitfaden zur konsumentenorientierten Neugestaltung von Distributionskanälen und Warengruppen; München: TCW, 1999

WILDEMANN 2000
H. Wildemann: Supply Chain Management: Leitfaden für unternehmensübergreifendes Wertschöpfungsmanagement; München: TCW, 2000

WOHLGEMUTH 1989
A. Wohlgemuth: Die klippenreiche Suche nach Erfolgsfaktoren; in: Die Unternehmung, 43 (1989) 2, S. 89 - 111

WOUTERS et al. 1999
M. Wouters, G. Sharman, H. Wortmann: Reconstructing the sales and fulfillment cycle to create supply chain differentiation; in: The International Journal of Logistics Management, 10 (1999) 2, S. 83 - 98

XUE/HARKER 1999
M. Xue, P. Harker: Overcoming the inherent dependency of DEA efficiency scores: A Bootstrap Approach; Arbeitspapier The Wharton School, 1999

AUSGEWÄHLTE VERÖFFENTLICHUNGEN

EUL VERLAG

PLANUNG, ORGANISATION UND UNTERNEHMUNGSFÜHRUNG

Herausgegeben von Prof. Dr. Dr. h. c. Norbert Szyperski, Köln, Prof. Dr. Winfried Matthes, Wuppertal, Prof. Dr. Udo Winand, Kassel, Prof. (em.) Dr. Joachim Griese, Bern, PD Dr. Harald F. O. von Kortzfleisch, Kassel, Prof. Dr. Ludwig Theuvsen, Göttingen, und Prof. Dr. Andreas Al-Laham, Stuttgart

Band 32
Hans-Jürgen Witschke
Die Informationsfunktion des Produktes in der Wertanalyse – Ein Ansatz zur Wertsteigerung von Produkten
Bergisch Gladbach – Köln 1990 • 212 S. • € 23,- (D) • ISBN 3-89012-184-5

Band 54
Axel Ullrich Wielpütz
Verhaltensorientiertes Controlling
Lohmar – Köln 1996 • 360 S. • € 41,- (D) • ISBN 3-89012-517-4

Band 55
Susanne Höfer
Strategische Allianzen und Spieltheorie – Analyse des Bildungsprozesses strategischer Allianzen und planungsunterstützender Einsatzmöglichkeiten der Theorie der strategischen Spiele
Lohmar – Köln 1997 • 256 S. • € 36,- (D) • ISBN 3-89012-557-3

Band 56
Dirk Dreher
Logistik-Benchmarking in der Automobil-Branche – Ein Führungsinstrument zur Steigerung der Wettbewerbsfähigkeit
Lohmar – Köln 1997 • 220 S. • € 35,- (D) • ISBN 3-89012-520-4

Band 57
Sonja Fleischer
Strategische Kooperationen – Planung - Steuerung - Kontrolle
Lohmar – Köln 1997 • 404 S. • € 43,- (D) • ISBN 3-89012-567-0

Band 58
Anja Dürselen
Integrationspotentiale in kleinen und mittleren Unternehmen – Eine organisationstheoretische Analyse am Beispiel des deutschen Maschinenbaus
Lohmar – Köln 1998 • 292 S. • € 43,- (D) • ISBN 3-89012-607-3

Band 59
Jens Müffelmann
Change Management im internationalen Vergleich – Komparative Intensitäts- und Erfolgsevaluierung der auf die Prozeßoptimierung ausgerichteten organisatorischen Transformationsprozesse in deutschen und US-amerikanischen Unternehmen
Lohmar – Köln 1998 ♦ 388 S. ♦ € 48,- (D) ♦ ISBN 3-89012-629-4

Band 60
Christoph Zacharias
Dynamische Unternehmensarchitektur – Ein Ansatz zur Führung flexibler Strukturen im Zeitwettbewerb
Lohmar – Köln 1998 ♦ 308 S. ♦ € 45,- (D) ♦ ISBN 3-89012-640-5

Band 61
Alfred Oetker
Stakeholderkonflikte in Familienkonzernen
Lohmar – Köln 1999 ♦ 296 S. ♦ € 44,- (D) ♦ ISBN 3-89012-673-1

Band 62
Harald Meinhövel
Defizite der Principal-Agent-Theorie
Lohmar – Köln 1999 ♦ 264 S. ♦ € 42,- (D) ♦ ISBN 3-89012-687-1

Band 63
Michael Du Mont
Change-Management – Japanische Erfolgskonzepte für turbulente Umwelten
Lohmar – Köln 1999 ♦ 320 S. ♦ € 45,- (D) ♦ ISBN 3-89012-709-6

Band 64
Martin Müser
Ressourcenorientierte Unternehmensführung – Zentrale Bestandteile und ihre Gestaltung
Lohmar – Köln 2000 ♦ 320 S. ♦ € 44,- (D) ♦ ISBN 3-89012-719-3

Band 65
Thomas Brandstätt
Prozeßmanagement in der kommunalen Verwaltung – Möglichkeiten und Grenzen für die Übertragung eines Organisationskonzeptes
Lohmar – Köln 2000 ♦ 340 S. ♦ € 45,- (D) ♦ ISBN 3-89012-748-7

Band 66
Frank Schmidt
Strategisches Benchmarking – Gestaltungskonzeptionen aus der Markt- und der Ressourcenperspektive
Lohmar – Köln 2000 ♦ 304 S. ♦ € 43,- (D) ♦ ISBN 3-89012-757-6

Band 67
Stephan Jakoby
Erfolgsfaktoren von Management Buyouts in Deutschland – Eine empirische Untersuchung
Lohmar – Köln 2000 ♦ 460 S. ♦ € 51,- (D) ♦ ISBN 3-89012-784-3

Band 68
Friedemann Baisch
Implementierung von Früherkennungssystemen in Unternehmen
Lohmar – Köln 2000 • 320 S. • € 45,- (D) • ISBN 3-89012-810-6

Band 69
Thomas Netzer
Das Partnerschaftsmodell als Erfolgsfaktor wissensintensiver Dienstleistungsunternehmungen
Lohmar – Köln 2000 • 332 S. • € 46,- (D) • ISBN 3-89012-820-3

Band 70
Jochen Kleinertz
Kennzahlenorientiertes Prozeß- und Kundenmanagement – Dargestellt am Beispiel der Konsumgüterindustrie
Lohmar – Köln 2001 • 338 S. • € 46,- (D) • ISBN 3-89012-827-0

Band 71
Jörg Stratmann
Bedarfsgerechte Informationsversorgung im Rahmen eines produktlebenszyklusorientierten Controlling
Lohmar – Köln 2001 • 310 S. • € 45,- (D) • ISBN 3-89012-846-7

Band 72
Christian Schäfer
Prozeßorientiertes Zeitmanagement – Konzeption und Anwendung am Beispiel industrieller Beschaffungsprozesse
Lohmar – Köln 2001 • 560 S. • € 56,- (D) • ISBN 3-89012-857-2

Band 73
Hajo Hippner
Wissensmanagement in der Langfristprognostik
Lohmar – Köln 2001 • 388 S. • € 49,- (D) • ISBN 3-89012-869-6

Band 74
Birgit Block
Gestaltung und Steuerung einer Hersteller-Händler-Kooperation in der Lebensmittelbranche
Lohmar – Köln 2001 • 406 S. • € 49,- (D) • ISBN 3-89012-876-9

Band 75
Markus A. Happel
Wertorientiertes Controlling in der Praxis – Eine empirische Überprüfung
Lohmar – Köln 2001 • 296 S. • € 44,- (D) • ISBN 3-89012-909-9

Band 76
Martin Kupp
Kooperationen zwischen Umweltschutzorganisationen und Unternehmen
Lohmar – Köln 2001 • 200 S. • € 38,- (D) • ISBN 3-89012-914-5

Band 77
Andreas Lasar
Dezentrale Organisation in der Kommunalverwaltung
Lohmar – Köln 2001 • 308 S. • € 45,- (D) • ISBN 3-89012-920-X

Band 78
Mathias Luhn
Flexible Prozeßrechnung für ein Geschäftsprozeßmanagement
Lohmar – Köln 2002 ♦ 350 S. ♦ € 48,- (D) ♦ ISBN 3-89012-927-7

Band 79
Martin Hermesch
Die Gestaltung von Interorganisationsbeziehungen – Theoretische sowie empirische Analysen und Erklärungen
Lohmar – Köln 2002 ♦ 322 S. ♦ € 46,- (D) ♦ ISBN 3-89012-928-5

Band 80
Achim Korten
Wirkung kompetenzorientierter Strategien auf den Unternehmenswert – Eine simulationsbasierte Analyse mit System Dynamics
Lohmar – Köln 2002 ♦ 334 S. ♦ € 47,- (D) ♦ ISBN 3-89012-937-4

Band 81
Thorsten Peske
Eignung des Realoptionsansatzes für die Unternehmensführung
Lohmar – Köln 2002 ♦ 278 S. ♦ € 43,- (D) ♦ ISBN 3-89012-941-2

Band 82
Clemens Odendahl
Cooperation Resource Planning – Planung und Steuerung dynamischer Kooperationsnetzwerke
Lohmar – Köln 2002 ♦ 228 S. ♦ € 41,- (D) ♦ ISBN 3-89012-962-5

Band 83
Yven Schmidt
Verbesserungsprozeßmanagement – Entwicklung eines Werkzeuges für die koordinierte Verbesserung von Geschäftsprozessen
Lohmar – Köln 2002 ♦ 232 S. ♦ € 44,- (D) ♦ ISBN 3-89012-975-7

Band 84
Gerrit Andreas Marx
Wertorientiertes Management einer Region – Regional Resident Value und Corporate Shareholder Value als Management-Missionen einer Public-Private-Partnership auf Aktien
Lohmar – Köln 2002 ♦ 304 S. ♦ € 48,- (D) ♦ ISBN 3-89012-982-X

Band 85
Felix Zimmermann
Vertrauen in Virtuellen Unternehmen
Lohmar – Köln 2003 ♦ 272 S. ♦ € 46,- (D) ♦ ISBN 3-89936-077-X

Band 86
Beate Degen
Responsible Care© in Investments
Lohmar – Köln 2003 ♦ 314 S. ♦ € 48,- (D) ♦ ISBN 3-89936-087-7

Band 87
Harald Wüllenweber
Mehr Kundenbindung durch Organisationales Lernen – Konzept – Modellierung – empirische Befunde
Lohmar – Köln 2003 • 354 S. • € 52,- (D) • ISBN 3-89936-106-7

Band 88
Carolina Catrin Schnitzler
Unternehmenskultur in Internet-Unternehmen – Gestaltungsmöglichkeiten durch Gründer und Führungskräfte
Lohmar – Köln 2003 • 284 S. • € 48,- (D) • ISBN 3-89936-111-3

Band 89
Jens Kiefel
Unternehmenssteuerung im Informationszeitalter – Gestaltung zwischen systemischer Machbarkeit und ökonomischer Rationalität
Lohmar – Köln 2003 • 360 S. • € 53,- (D) • ISBN 3-89936-134-2

Band 90
Matthias Kern
Lean Information System – Problemorientierte Gestaltung von Informationssystemen unter besonderer Berücksichtigung von Lean Management
Lohmar – Köln 2003 • 372 S. • € 54,- (D) • ISBN 3-89936-141-5

Band 91
Jochen Großpietsch
Supply Chain Management in der Konsumgüterindustrie
Lohmar – Köln 2003 • 254 S. • € 46,- (D) • ISBN 3-89936-145-8

ELECTRONIC COMMERCE

Herausgegeben von Prof. Dr. Dr. h. c. Norbert Szyperski, Köln, Prof. Dr. Beat F. Schmid, St. Gallen, Prof. Dr. Dr. h. c. August-Wilhelm Scheer, Saarbrücken, Prof. Dr. Günther Pernul, Regensburg, und Prof. Dr. Stefan Klein, Münster

Band 20
Arne Schulke
Kooperation zwischen traditionellen Unternehmen und E-Business Startups – Eine Analyse aus Sicht des strategischen Managements
Lohmar – Köln 2003 • 286 S. • € 47,- (D) • ISBN 3-89936-075-3

Band 21
Diana Rätz
Erfolgspotenzial elektronischer B2B-Marktplätze – Theorie – Empirie – Fallstudien
Lohmar – Köln 2003 • 278 S. • € 48,- (D) • ISBN 3-89936-114-8

Band 22
Wolfgang Güttler
Die Adoption des Electronic Commerce im deutschen Einzelhandel
Lohmar – Köln 2003 • 320 S. • € 52,- (D) • ISBN 3-89936-121-0

- **Reihe: Katallaktik – Quantitative Modellierung menschlicher Interaktionen auf Märkten**
  Herausgegeben von Prof. Dr. Otto Loistl, Wien, und Prof. Dr. Markus Rudolf, Koblenz
- **Reihe: Europäische Wirtschaft**
  Herausgegeben von Prof. Dr. Winfried Matthes, Wuppertal
- **Reihe: Quantitative Ökonomie**
  Herausgegeben von Prof. Dr. Eckart Bomsdorf, Köln, Prof. Dr. Wim Kösters, Bochum, und Prof. Dr. Winfried Matthes, Wuppertal
- **Reihe: Internationale Wirtschaft**
  Herausgegeben von Prof. Dr. Manfred Borchert, Münster, Prof. Dr. Gustav Dieckheuer, Münster, und Prof. Dr. Paul J. J. Welfens, Potsdam
- **Reihe: Studien zur Dynamik der Wirtschaftsstruktur**
  Herausgegeben von Prof. Dr. Heinz Grossekettler, Münster
- **Reihe: Versicherungswirtschaft**
  Herausgegeben von Prof. (em.) Dr. Dieter Farny, Köln, und Prof. Dr. Heinrich R. Schradin, Köln
- **Reihe: Wirtschaftsgeographie und Wirtschaftsgeschichte**
  Herausgegeben von Prof. Dr. Ewald Gläßer, Köln, Prof. Dr. Josef Nipper, Köln, Dr. Martin W. Schmied, Köln, und Prof. Dr. Günther Schulz, Bonn
- **Reihe: Wirtschafts- und Sozialordnung: FRANZ-BÖHM-KOLLEG – Vorträge und Essays**
  Herausgegeben von Prof. Dr. Bodo B. Gemper, Siegen
- **Reihe: WISO-Studientexte**
  Herausgegeben von Prof. Dr. Eckart Bomsdorf, Köln, und Prof. (em.) Dr. Dr. h. c. Dr. h. c. Josef Kloock, Köln
- **Reihe: Kunstgeschichte**
  Herausgegeben von Prof. Dr. Norbert Werner, Gießen

FACHHOCHSCHUL-SCHRIFTENREIHEN

- **Reihe: Institut für betriebliche Datenverarbeitung (IBD) e. V. im Forschungsschwerpunkt Informationsmanagement für KMU**
  Herausgegeben von Prof. Dr. Felicitas Albers, Düsseldorf
- **Reihe: FH-Schriften zu Marketing und IT**
  Herausgegeben von Prof. Dr. Doris Kortus-Schultes, Mönchengladbach, und Prof. Dr. Frank Victor, Gummersbach
- **Reihe: FuturE-Business**
  Herausgegeben von Prof. Dr. Michael Müßig, Würzburg-Schweinfurt
- **Reihe: Controlling Forum – Wege zum Erfolg**
  Herausgegeben von Prof. Dr. Jochem Müller, Ansbach
- **Reihe: Unternehmensführung und Controlling in der Praxis**
  Herausgegeben von Prof. Dr. Thomas Rautenstrauch, Bielefeld
- **Reihe: Economy and Labour**
  Herausgegeben von EUR ING Prof. Dr.-Ing. Hans-Georg Nollau MBCS, Regensburg
- **Reihe: Institut für Regionale Innovationsforschung (IRI)**
  Herausgegeben von Prof. Dr. Rainer Voß, Wildau
- **Reihe: Interkulturelles Medienmanagement**
  Herausgegeben von Prof. Dr. Edda Pulst, Gelsenkirchen

PRAKTIKER-SCHRIFTENREIHEN

- Reihe: Transparenz im Versicherungsmarkt
Herausgegeben von *ASSEKURATA* GmbH, Köln

- Reihe: Betriebliche Praxis
Herausgegeben von vBP StB Prof. Dr. Johannes Georg Bischoff, Wuppertal

- Reihe: Regulierungsrecht und Regulierungsökonomie
Herausgegeben von Piepenbrock ♦ Schuster, Düsseldorf

EINZELSCHRIFTEN